実例で学ぶRaspberry Pi 電子工作

作りながら応用力を身につける

金丸隆志　著

ブルーバックス

必ずお読みください

本書は、以下の機器やシステムを用いて機能を確認して執筆しています。Raspberry Pi Model B+、Raspberry Pi 2 Model B、Raspbian（Raspberry Pi用のOS。NOOBS v1.4.1、v1.4.2、v1.5.0のもの）。

本書は、パソコンやインターネットの一般的な操作をひと通りできる方を対象にしているため、基本操作などは解説しておりません。あらかじめご了承ください。電子部品や工具などを使う際は、怪我などをされぬようご注意ください。また、コンピュータという機器の性格上、本書はコンピュータ環境の安全性を保証するものではありません。著者ならびに講談社は、本書で紹介する内容の運用結果に関していっさいの責任を負いません。**本書の内容をご利用になる際は、すべて自己責任の原則で行ってください。**

本書に掲載されている情報は、**2015年11月末時点**のものです。実際にご利用になる際には変更されている場合があります。なお、OSの更新などにより本書の演習実行手順に変更が必要となるときは、下記に掲載する本書のサポートページに最新の情報を掲載していく予定です。

著者、ならびに講談社は、本書に掲載されていない内容についてのご質問にはお答えできません。また、**電話によるご質問にはいっさいお答えできません。**あらかじめご了承ください。

■ **本書のサポートページについて**

http://bluebacks.kodansha.co.jp/bsupport/rspi2.html

サポートページでは、以下を行っています。

- 本書で用いるプログラムが記述されたサンプルファイル一式と、演習で使用する配線図のPDF、追加情報が掲載されたPDFファイルの配布
- 将来的なRaspbian（OS）の更新や、新モデルのRaspberry Piの発売にともなう、本書の演習実行手順への影響や対応策の掲載。正誤表の掲載
- 本書の一部演習を実行した際の様子を撮影した映像へのリンクの掲載

本書で紹介される団体名、会社名、製品名などは、一般に各団体、各社の商標または登録商標です。本書では™、®マークは明記していません。

●カバー装幀／芦澤泰偉・児崎雅淑
●カバー配線図／金丸隆志
●目次・本文デザイン／島浩二

はじめに

●Raspberry Piの人気が続く理由

　2012年のRaspberry Piの登場からすでに3年以上が経過していますが、その人気は衰えるどころかますます高まる一方です。Raspberry Piのように1枚の基板で動作するコンピュータはこれまで多く登場してきましたが、これほど長い間人気を保ち続けたものは筆者の記憶にはありません。その人気の理由は2つあると筆者は考えています。

　1つ目の理由はRaspberry Piの位置づけが「教育用のコンピュータ」となっていることです。もともとRaspberry Piは情報工学を学ぶ学生がプログラミングを学習する際に適した環境としてEben Upton氏によって開発されました。日本でも、小学生がプログラミングを学ぶための教材として使われているほどです。「教育用」として用いるためには、初心者にも扱いやすいものでなければなりません。実際、Raspberry Piはインストールやインストール後の設定が簡単になっています。

　また、教育用のコンピュータは長期間使えるものでなければならないため、Raspberry Piでは互換性が重視されています。Raspberry Piはこれまで主にModel B、Model B+、Raspberry Pi 2 Model Bと発売されてきましたが、これらのすべてのバージョンで共通のOSが動作します。それにならい、本書もこれらすべてのRaspberry Piで動作する内容としました。ただし、6章と7章のみは旧タイプのModel BではModel B+以降と異なる方法で動作させますので、各章の解説をご覧ください。

　さらに、Eben Upton氏が創設したRaspberry Pi財団が

Raspberry Piに関する面白い周辺機器を定期的に発表していることも、購入する際の安心材料となるのではないでしょうか。本書の執筆時にも、Raspberry Piを収めるケース（2015年6月）やタッチパネル（2015年9月）を公式に発表して話題になりました。すでにあったサードパーティ製の周辺機器に公式のものが追加され、ユーザーにとっての選択肢が増えたわけです。

こうしてみると、Raspberry Piは一過性のブームで終わらず、コンピュータについて学ぶための選択肢の一つとして定着していくのではないかと期待されます。

●Raspberry Piは電子工作との親和性が高い

Raspberry Piの人気が続く理由の2つ目として、電子工作との親和性の高さが挙げられます。通常のPCと異なり、Raspberry Piには電子工作のパーツであるLEDやモーターなどを直接つないで制御することができます。この性質が、Maker（メイカー）ムーブメントという個人によるものづくりの流行と結びつき、Raspberry Piの人気に火がついたという面もあります。

メイカーが各自の作品を持ち寄って展示する「Maker Faire（メイカー・フェア）」などのイベントでは、Raspberry Piを用いた作品をたくさん見ることができます。また、ネット上でもブログや動画サイトなどでRaspberry Piを用いたさまざまな作品が掲載されています。そうした作品を見ていると、Raspberry Piを用いたものづくりの楽しさが感じられるでしょう。

はじめに

●実例を通して電子工作を楽しむ

　本書で取り扱うのは、Raspberry Piの電子工作用のツールとしての側面です。題材としては、「天気予報機能付き温度計」、「家電用のリモコン」、「操作可能なカメラ台」などのように、Raspberry Piでは定番と言える電子工作を取り扱います。これらの「実例」を通して、Raspberry Piを用いたものづくりの楽しさを体験していただきたいと思います。

　取り扱う実例が「定番」の内容だと述べましたが、定番であるとは、必ずしもその実例が簡単であることを意味しません。特に、電子工作に慣れていないうちは、思わぬ落とし穴がたくさんあるものです。本書では、どのような落とし穴がありうるかを調べ、その解決法を可能な限り記述する方針で執筆しています。本書が皆さんにとっての「転ばぬ先の杖」となり、定番の電子工作が誰にでも楽しめるものになれば筆者としては喜びです。

　なお、Raspberry Pi上で動かすOSやソフトウェアは定期的に更新されているため、本書の通りに操作しても結果が異なることが将来的に起こるかもしれません。そのような場合、本書のサポートページで最新の情報をご覧ください。また、サポートページからは本書のサンプルファイルや、回路の配線図をダウンロードできますので、是非ご活用ください。

　最後になりましたが、上記の「落とし穴」を見つけるにあたりご尽力いただいたブルーバックス編集部の西田岳郎様、そして執筆中に筆者を支えてくれた家族にお礼申し上げます。

2015年11月　金丸隆志

もくじ

必ずお読みください	2
はじめに	3

1章 Raspberry Piのセットアップ

1.1 はじめに	12
1.2 本章で必要なもの	13
1.2.1 Raspberry Pi	15
1.2.2 8 GB以上のmicroSDカード	16
1.2.3 インターネットに接続されたPC	17
1.2.4 USBキーボードとUSBマウス	18
1.2.5 マイクロUSB接続の電源 (1.2A以上のものを推奨)	18
1.2.6 ディスプレイおよびケーブル	19
1.2.7 Raspberry Pi用のケース	20
1.3 インストール用microSDカードの用意	20
1.3.1 ファイルのダウンロード	20
1.3.2 圧縮ファイルの展開とmicroSDカードへのコピー	23
1.3.3 microSDカードの再フォーマット (必要に応じて)	23
1.4 Raspberry PiへのOSのインストール	24
1.4.1 Raspberry Piへの周辺機器の接続	24
1.4.2 Raspberry PiへのOSのインストール	24
1.5 インストール後の設定	27
1.5.1 設定用アプリケーションの起動	27
1.5.2 パスワードの変更	28
1.5.3 言語の変更	29
1.5.4 タイムゾーンの変更	29
1.5.5 キーボードレイアウトの変更	30
1.5.6 ネットワークへの接続	31
1.5.7 日本語フォントのインストール	32
1.5.8 言語の変更	33
1.5.9 Raspberry Piの電源を切る方法	33
1.6 いくつかの補足	34

Contents

1.6.1	用いたNOOBSのバージョンを知る方法	34
1.6.2	デスクトップ環境ではなくコマンド環境にログインしたい場合	35
1.6.3	RaspbianをインストールしたmicroSDカードを削除する方法	35
1.7	ネットワークへの接続	36

2章　Raspberry PiでLEDを点滅させてみよう（Lチカ）

2.1	**本章で必要なもの**	38
2.1.1	抵抗（330Ω）と赤色LED	39
2.1.2	ブレッドボード	41
2.1.3	ブレッドボード用ジャンパーワイヤ（ジャンプワイヤ）（「オス－メス」および「オス－オス」）	42
2.2	**Raspberry Pi上のGPIOポート**	43
2.3	**Raspberry Piを用いたLEDの点灯**	46
2.4	**LED点滅のためのプログラムの記述**	50
2.4.1	LED点滅用の回路	50
2.4.2	開発環境idleの起動と利用	52
COLUMN	Arduino Sidekick Basic Kit V2	40

3章　たくさんのLEDを点灯させてみよう

3.1	**本章で必要なもの**	59
3.1.1	8ビットシフトレジスタ SN74HC595N	60
3.1.2	抵抗（330Ω）と赤色LED	60
3.1.3	タクトスイッチ	61
3.2	**8ビットシフトレジスタSN74HC595Nの使い方**	61
3.2.1	たくさんのLEDを接続したいときの問題点	61
3.2.2	シフトレジスタ SN74HC595NによるLEDの点灯制御	62
3.2.3	3個のLEDを制御する回路	66
3.2.4	3個のLEDを制御するプログラム	68
3.3	**7個のLEDで電子サイコロを作ってみよう**	76
3.3.1	電子サイコロの実現	76

もくじ

3.3.2	電子サイコロのプログラム1 ～1から6の目を順番に表示	78
3.3.3	電子サイコロのプログラム2 ～タクトスイッチでサイコロを「振る」	81
3.3.4	電子サイコロのプログラム3 ～サイコロの目が出るまでに「溜め」を作る	84
3.4	さらに多くのLEDを接続するには？	87
COLUMN	SN74HC595Nを引き抜く際の注意点	66

4章 インターネット上の天気予報データを利用しよう

4.1	本章で必要なもの	90
4.1.1	用いる物品に関する補足	91
4.1.2	I²Cとは	93
4.1.3	Raspberry PiでI²C通信を行うための準備	94
4.2	インターネット上の天気予報情報について	97
4.2.1	お天気Webサービスの確認	97
4.2.2	Pythonによるお天気Webサービスへのアクセス	101
4.2.3	取得したデータから予報データを切り出してみよう	105
4.3	LCDへの文字の表示	108
4.4	LCDへの天気予報の表示	117

5章 Raspberry Piを家電製品のリモコンにしよう

5.1	本章で必要なもの	132
5.1.1	Raspberry PiのOSのバージョン	133
5.1.2	家電製品とそのリモコン	133
5.1.3	赤外線リモコン受信モジュール	134
5.1.4	赤外線LED	134
5.1.5	トランジスタ 2SC1815	136
5.2	Raspberry Piをテレビのリモコンにするには	136
5.2.1	全体の流れ	136
5.2.2	学習フェーズ	137

5.2.3	送信フェーズ	139
5.2.4	LIRCのインストールと設定	141

5.3　学習フェーズでリモコンの信号を読み取ろう　　145
5.3.1	irrecordコマンドの実行	145
5.3.2	リモコンの必要なボタンを何度も押す	148
5.3.3	リモコンのボタンに名前をつけよう	150
5.3.4	できた設定ファイルの中身を確認	154
5.3.5	設定ファイルの移動とlircdの起動	154

5.4　送信フェーズでテレビを操作してみよう　　157
5.4.1	ターミナルによるテレビの操作	157
5.4.2	タクトスイッチによるテレビの操作	163
5.4.3	ブラウザによるテレビの操作	168
5.4.4	本章を終えた後の後始末	176
5.4.5	複数の家電製品を操作するためのヒント	177

6章　上下左右に動くカメラ台を操作しよう

6.1　本章で必要なもの　　181
6.1.1	Raspberry Pi用カメラモジュール	184
6.1.2	サーボモーターSG90	185
6.1.3	10kΩ～100kΩ程度の半固定抵抗	186
6.1.4	12ビットADコンバータ MCP3208-CI/P	186

6.2　本章で行う内容とその準備　　187
6.2.1	本章で実現する2つの方式	187
6.2.2	サーボモーターの利用方法	188
6.2.3	ハードウェアPWM信号を用いるための準備	192
6.2.4	サーボモーターへサーボホーンを取り付ける方法	194

6.3　カメラ台の作成　　199
6.3.1	タミヤの工作キットで作成する場合	199
6.3.2	SG90サーボ用 カメラマウント A838を用いる場合	204

6.4　カメラモジュールの有効化　　206
6.5　半固定抵抗によるカメラ台の操作　　207

6.5.1 半固定抵抗を用いた回路	207
6.5.2 サーボモーター制御用プログラムの実行	210
6.5.3 プログラムの解説：サーボモーターの制御	212
6.6 スマートフォンやPCのブラウザによるカメラ台の操作	**222**
6.6.1 mjpg-streamerのインストールと起動	222
6.6.2 WebIOPiのインストールと設定	225
6.6.3 WebIOPiの起動と動作確認	229
6.6.4 サンプルの解説	231
COLUMN　MCP3208-CI/Pを引き抜く際の注意点	187

7章　OpenCVによる画像処理と対象物追跡を行ってみよう

7.1 本章で必要なものと準備	**236**
7.2 OpenCVによる画像処理	**237**
7.2.1 OpenCVとは	237
7.2.2 OpenCVのインストール	238
7.2.3 画像のプレビュー	238
7.2.4 二値化	243
7.2.5 Cannyフィルタによるエッジ検出	249
7.2.6 ハフ変換による円の検出	251
7.2.7 顔の検出	256
7.3 画像処理結果を元に対象物追跡を行ってみよう	**260**
7.3.1 円の追跡	261
7.3.2 顔の追跡	268

8章　6脚ロボットを操作してみよう

8.1 本章で必要なもの	**269**
8.1.1 PCA9685搭載サーボドライバー	271
8.1.2 LCDモジュール	274
8.2 6脚ロボットの作成	**276**

8.2.1	機体の作成	276
8.2.2	PCA9685搭載サーボドライバーによるサーボモーターの調整	277

8.3　6脚ロボットの動作確認　　286
8.3.1	サーボモーターの番号の定義と前進の流れ	286
8.3.2	6脚ロボットの動作確認	291

8.4　ブラウザによる6脚ロボットの操作　　300
8.4.1	ブラウザから6脚ロボットを操作するための準備	300
8.4.2	WebIOPi実行のための準備	302
8.4.3	WebIOPiを用いた動作確認	303
8.4.4	プログラムの自動起動	306
8.4.5	6脚ロボットの完成	316

8.5　6脚ロボットへのカメラ台の取り付け　　317

8.6　Pi-HAT形式とArduino用サーボドライバーの使用法　📄 の1
8.6.1	Pi-HAT形式のサーボドライバー　📄 の1	
8.6.2	Arduino用のサーボドライバー　📄 の3	

付録A	**サンプルプログラムの活用方法**	321
付録B	**WebIOPiを用いるための準備**	327
付録C	**idleを用いない開発方法**	343
付録D	**抵抗のカラーコード**　📄 の8	
付録E	**インストールしておくと便利なアプリケーションなど**　📄 の10	
付録F	**PCA9685搭載サーボドライバーでカメラ台を動かす**　📄 の15	
付録G	**NOOBS 1.4.1またはそれ以前のインストール後の設定**　📄 の20	

参考としたサイトのURL　📄 の31

おわりに	347
さくいん	348

📄 本書のサポートページ（2ページにて紹介）からダウンロードできる
PDFファイルに掲載されるページです。

1章 Raspberry Piのセットアップ

1.1 はじめに

　Raspberry Pi（ラズベリーパイ）は2012年に英国で誕生した、名刺サイズの超小型コンピュータです（図1-1）。プログラミングの学習用に作られたものですが、ものづくりの作品に搭載するコンピュータ、という電子工作用でも人気を集めています。前著『Raspberry Piで学ぶ電子工作』ではこのRaspberry Piを用いた電子工作について解説しました。その際、応用例よりはむしろ「どうすればLEDが点灯するのか」、「ADコンバータとは何を行うもので、どのように使うか」、「モーターの速度制御はどのように実現するか」などのよう

図1-1　左から順にRapsberry Pi Model B+、Rapsberry Pi 2 Model B、名刺サイズの紙

1章 Raspberry Piのセットアップ

に、電子工作にしばしば用いられるパーツの基本的な使用法に重点をおいて解説しました。それに対し、本書では応用例を中心にしてRaspberry Piの電子工作を学びます。前著を読んでいなくても本書の例を追体験できるよう解説を行っていきますが、前著も合わせてお読みいただくと、より理解を深めることができるでしょう。

本書のみでもRaspberry Piを用いた電子工作に取り組めるよう、まずはRaspberry Piのセットアップ法を解説し、さらに最も簡単な電子工作例であるLEDの点滅（Lチカ）を解説します。そのようにしてRaspberry Piを用いた電子工作に最低限必要な知識を学んだ後、応用例の解説に入っていきます。本章では、まずRaspberry Piのセットアップ法を解説しましょう。

1.2 本章で必要なもの

ここからは、Raspberry PiにRaspbian（ラズビアン）というLinux（リナックス）系OSをインストールする方法の概略を解説します。まずは表1-1に示す必要物品を揃え、次ページの図1-2の手順に従ってインストールを行います。

表1-1 Raspberry PiへのOSのインストールに必要な機器

物品	備考
Raspberry Pi	必須。Raspberry Pi Model B+かRaspberry Pi 2 Model Bが対象です。Model B+登場以前のRaspberry Pi Model Bについては、**1.2.1**の解説をご覧ください
8GB以上のmicroSDカード	必須。高速なクラス10のものを推奨します

13

物品	備考
インターネットに接続されたPC	必須。microSDカードの読み書きができる必要があります
microSDカード対応マルチカードリーダー/ライター	必要に応じて。microSDカードの読み書きができないPCでは必須
USBキーボード	必須。本書では有線の日本語キーボードを前提に解説します。PS/2タイプは不可
USBマウス	必須。有線のマウスを前提に解説します。PS/2タイプは不可
マイクロUSB接続の電源(1.2A以上推奨)	必須。「USB充電対応ACアダプタ」と「USB(A)オス-USB(Micro-B)オスタイプのUSBケーブル」の組み合わせでも構いません
ディスプレイおよびケーブル(右の2つのどれかを選択)	HDMI接続可能なPC用ディスプレイおよびHDMIケーブル。PC用の他、HDMI搭載液晶テレビも使えます
	DVI-D接続可能なPC用ディスプレイおよびDVI-HDMI変換ケーブル
Raspberry Pi用のケース	任意ですが、あると安心です。GPIOポートの場所に穴が開いているものを選ぶ必要があります
ネットワーク接続用機器	必須。Raspberry Piをネットワークに接続するためのものです。1.7を参照

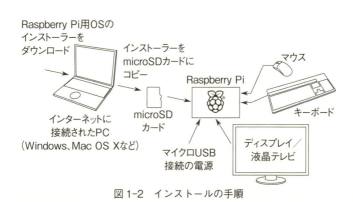

図1-2　インストールの手順

各項目について、以下でひとつずつ解説していきます。

1.2.1 Raspberry Pi

Raspberry Piにはさまざまなバージョンがありますが、本書で対象とするRaspberry Piは主に下記の2種類です。

- Model B+：メモリ512MB、USBインターフェイス4つ、ネットワークインターフェイスあり
- Raspberry Pi 2 Model B：メモリ1GB、USBインターフェイス4つ、ネットワークインターフェイスあり

Model AやModel A+と呼ばれるものもあるのですが、使用できるメモリ容量やUSBインターフェイスが少ないこと、ネットワークインターフェイスもないことなどから初心者向きではないので本書では対象としません。

なお、Model B+登場以前のRaspberry Pi Model B（以下旧Model B）でも本書の演習を行えますが、下記のような注意点があります。

- 旧Model Bはボードの形状や用いるSDカードのサイズがModel B+以降と異なり、1章の解説を適切に読み替える必要がある
- 本書で用いる回路図はピンが40本あるModel B+やRaspberry Pi 2 Model Bを対象に描かれており、ピンが26本しかない旧Model Bでは図の読み替えが必要
- 本書6章および7章の演習では旧Model Bには存在しない

ピンと機能を使うため、旧Model Bで実行するには別売り
の回路が必要（**付録F**[*1]で解説）

以上から、本書での旧Model Bの利用は、上記の読み替え
等ができる上級者のみを対象としますのでご注意ください。
　Raspberry Piは下記のサイトなどから通信販売で購入でき
ます。発売当初は日本ではRSオンラインのみでの販売でした
が、現在では取り扱うショップも増えています。下記の秋月電
子通商や千石電商など店頭で購入できるショップもあります
が、通信販売で購入するのが容易でしょう。

- RSオンライン（http://jp.rs-online.com/web/）
- アマゾン（http://www.amazon.co.jp/）
- 秋月電子通商（http://akizukidenshi.com/）
- 千石電商オンラインショップ（https://www.sengoku.co.jp/）
- スイッチサイエンス（https://www.switch-science.com/）

1.2.2　8GB以上のmicroSDカード

　Raspberry PiのOSそのものやユーザーの作成したデータを
保存するため、図1-3（A）のようなmicroSDカードが1枚必
要です。図1-3（A）の右側にはアダプタと呼ばれるものが表
示されています。お使いのPCによっては、microSDカードの
読み書きを行う際にこのアダプタも必要になります。なお、ア
ダプタにはロック機能がついており、カード側面のスイッチが
ロック位置にあると書き込みができません。そのため、使用時
にはロックが解除されていることを確認してください。
　microSDカードの容量は8GB以上のものを用意します。速

[*1] サポートページ（2ページで紹介）からダウンロードで
きるPDFファイルに掲載されています。

1章 Raspberry Piのセットアップ

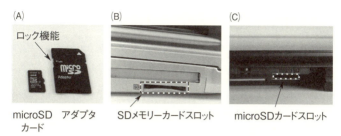

図1-3 (A) microSDカードとアダプタ、(B) SDメモリーカードスロット、(C) microSDカードスロット

度を表すスピードクラスには制限はありませんが、高速なものの方が快適ですので、クラス10のものを推奨します。

1.2.3 インターネットに接続されたPC

14ページの図1-2に示されているように、WindowsやMac OS Xなどが動作しているPCがRaspberry Piとは別に必要です。インターネット上から、Raspberry PiのOSをインストールするために必要なファイルをダウンロードし、microSDカードに保存するために用います。そのため、このPCではmicroSDカードの読み書きができる必要があります。一般家庭用のPCには図1-3 (B) のようなSDメモリーカードスロットや図1-3 (C) のようなmicroSDカードスロットがあることが多いのでそちらを用います。SDメモリーカードスロットにはmicroSDカードにアダプタを装着したものを挿入し、microSDカードスロットには直接挿入することで、読み書きが行えます。

お使いのPCにこれらのスロットがない場合、microSDカード対応のマルチカードリーダー/ライターと呼ばれる製品を追

加で購入する必要がありますのでご注意ください。

1.2.4 USBキーボードとUSBマウス

キーボードとマウスはUSB接続方式の有線のものを推奨します。無線のものを用いたい場合、Bluetoothと呼ばれる規格のものはインストール時に使えない可能性がありますので用いないでください。

1.2.5 マイクロUSB接続の電源（1.2A以上のものを推奨）

Raspberry Piへ電源を供給するため、マイクロUSB端子で電源を供給するACアダプタを用います。マイクロUSB端子は図1-4 (A) のような形状をしています。最近はスマートフォンの充電に用いられることが多いものです。図1-4 (B) のようにUSB充電対応ACアダプタとマイクロUSBケーブル（USB (A) オス-USB (Micro-B) オス）が分かれているものでもよいですし、これらが一体となっているものでも構いません。なお、品質の悪いマイクロUSBケーブルを用いるとRaspberry Piが起動しない、という報告もありますので、そ

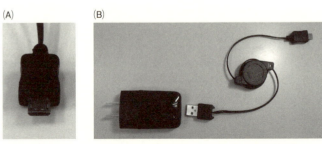

図1-4 (A) マイクロUSB端子 (Micro-B)、(B) USB接続の電源とケーブル

のような問題が起こった場合は変更を検討してみましょう。

ACアダプタを選ぶ際にはその出力に注意してください。ACアダプタを見ると、「出力」あるいは「OUTPUT」という項目が記されていることがわかると思います。典型的には「DC5.0V、1.0A」などと書かれていることが多いでしょう。ここで「A（アンペア）」の単位で書かれた数字に着目し、この数字が1.2A（1200mA）以上のものを選んでください。これを満たさない電源を用いると、Raspberry Piが起動しない、あるいは起動しても途中で再起動されてしまう、という問題が起こります。それと同じ理由で、図1-4 (B) の左側のUSB端子をPCのUSBポートにさしてもRaspberry Piは起動しませんので注意しましょう。

1.2.6 ディスプレイおよびケーブル

14ページの表1-1でも記したように、ディスプレイは「HDMI接続可能なディスプレイ」または「DVI-D接続可能なディスプレイ」の2種から選択します。最近はHDMI搭載の液晶テレビが普及していますので、そちらでもよいでしょう。コンピュータ用ディスプレイの端子部はたとえば次ページの図1-5 (A) のようになります。このディスプレイにはHDMI端子とDVI-D端子の両方がありますので、こういう場合はHDMI端子を使えばよいでしょう。HDMI端子がない場合にはDVI-D端子を用います。

さて、ケーブルは、HDMI接続をする場合は図1-5 (B) の端子が両端についたHDMIケーブルを用います。DVI-D接続をする場合は一端が図1-5 (B)、もう一端が図1-5 (C) の「DVI-HDMI変換ケーブル」を用います。

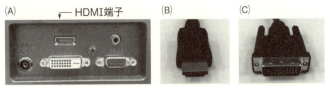

図1-5 (A) HDMI端子とDVI-D端子、(B) HDMI端子、(C) DVI-D端子

1.2.7 Raspberry Pi用のケース

Raspberry Piは、保護用のケースに収めて用いると安心です。Raspberry Piを販売しているネットショップでさまざまな種類のケースが取り扱われています。なお、ケースを選ぶ場合は40本のピンがある「GPIOポート」（2章で解説します）の場所に穴が開いているものを選んでください（図1-6）。

ケースが用意できない場合、プラスチックなど電流を流さないものの上にRaspberry Piを置くようにしてください。濡れた手で触らない、などの注意も必要です。

1.3 インストール用microSDカードの用意

1.3.1 ファイルのダウンロード

本節ではRaspberry PiへOSをインストールするために必要なmicroSDカードを準備します。ここではRaspberry Piは用いず、皆さんが普段お使いの、インターネットに接続されたPCを用います。まず、Raspberry Pi用のOSのインストーラをダウンロードしましょう。Internet Explorerなどのブラウ

1章 Raspberry Piのセットアップ

図1-6 GPIOポートの部分に穴の開いたケース

ザでダウンロードページ

http://www.raspberrypi.org/downloads

に接続してください。次ページの図1-7 (A) のような英語のページが表示されますので、ここでNOOBSのアイコンをクリックすると図1-7 (B) のような表示が現れます。「NOOBS Offline and network install」セクションの「Download ZIP」をクリックし、ファイルを保存してください。ファイル名はNOOBS_v○_○_○.zipとなっており、○にはそのときの最新版のバージョンを表す数値が入りますので、それをダウンロードしましょう。本書では2015年にリリースされたNOOBSバージョン1.4.1、1.4.2、1.5.0で動作検証を行っています。それ以前のバージョンのものを用いると本書の演習が動作しない場合がありますので、必ずバージョン1.4.1より新しいものを用いてください。また、もし1.5.0よりも新しいバージョンがダ

図1-7 NOOBSのダウンロードページ

ウンロードされた場合、インストール手順の変更はないか、本書のサポートページ（2ページで紹介）でお確かめください。

ダウンロードされるファイルのサイズは、バージョン1.4.1の場合およそ740MB程度、1.4.2の場合960MB程度、1.5.0の場合は1GB程度でした。これより大幅に小さい場合はダウンロードに失敗している可能性がありますのでもう一度ダウンロードし直すとよいでしょう。

なお、NOOBSの古いバージョンをダウンロードしたい場合、下記のアドレスで見つけることができます。

http://downloads.raspberrypi.org/NOOBS/images/

1章　Raspberry Piのセットアップ

1.3.2 圧縮ファイルの展開とmicroSDカードへのコピー

ダウンロードされた圧縮ファイルを展開します。Windowsをお使いの方は、ファイルを右クリックして「すべて展開」を選択し、現れたダイアログで「展開」ボタンをクリックしましょう。展開時にエラーが出る場合は、やはりダウンロードに失敗している可能性があります。展開がエラーなく終わったら、現れたファイルをすべてmicroSDカードにコピーしましょう。microSDカードをPCに接続し、もし中に保存されたファイルがあるならすべて削除しておきましょう。そして、先ほど展開したファイルをすべてこのmicroSDカードにコピーします。バージョンにより異なりますが、コピー後のmicroSDカードの中身はおおむね図1-8のようになります。

1.3.3 microSDカードの再フォーマット（必要に応じて）

なお、ここで解説した方法は、過去にRaspberry Pi用のOSをインストールしたことのあるmicroSDカードではうまくい

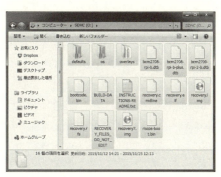

図1-8　NOOBSの中身をmicroSDカードにコピーした様子

きません。その場合、SD Associationが配布しているSDフォーマッター4.0（https://www.sdcard.org/jp/downloads/formatter_4/）でmicroSDカードをあらかじめフォーマットしてからファイルのコピーを行うようにしてください。Windows標準のフォーマット機能ではうまくいきませんので、必ずSDフォーマッター4.0を用いるようにしてください。

1.4 Raspberry PiへのOSのインストール

1.4.1 Raspberry Piへの周辺機器の接続

microSDカードの準備が終わったら、PCから取り外し、図1-9 (A) のようにRaspberry Piに押し込んでセットします。同様にキーボード、マウス、HDMIディスプレイも接続してください。これらはどのような順で接続しても構いません。なお、本書ではインストール時にRaspberry Piをネットワークに接続しない方針を取ります。インストールが完了し、使用環境が整ってからネットワークに接続するわけです。

1.4.2 Raspberry PiへのOSのインストール

それでは、Raspberry Piに電源を入れてOSのインストールを行いましょう。ただし、Raspberry Piには電源スイッチがありません。図1-9 (B) のようにマイクロUSBケーブルを接続することで電源が入ります。電源を切る方法は後に学びます。

さて、Raspberry PiにマイクロUSB接続の電源をつなぐと、図1-9 (B) に示したLEDのうち、PWRが赤色に点灯します。そして、microSDカードにアクセスがあったときに点灯

1章　Raspberry Piのセットアップ

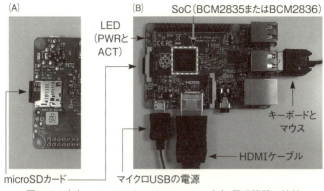

図1-9　(A) microSDカードのセット、(B) 周辺機器の接続

するACTと書かれたLEDが緑色で点滅し、起動が始まります。このとき、Raspberry Pi 2を用いた場合、いつまでもACTの点滅が起こらず起動しないことがあるかもしれません。そのような場合、USB端子のうち、18ページの図1-4 (B) の左側の端子を抜き差しすると起動が始まることが多いでしょう。

さて、Raspberry Piに電源を投入してからしばらく待つと次ページの図1-10 (A) のようにインストールするOSの選択画面が現れます。ここでは図のようにRaspbianにチェックを入れ、上のInstallボタンをクリックします。すると図1-10 (B) のように、microSDカードの中身が消されることを確認するダイアログが現れますのでYesボタンをクリックします。すると次ページの図1-11 (A) のようにインストールが始まります。インストールは、クラス10のmicroSDカードで約15分かかります。インストールが完了すると図1-11 (B) のようにインストールの成功を知らせるダイアログが現れますので、

図 1-10 (A) インストールする OS の選択、(B) インストールの確認

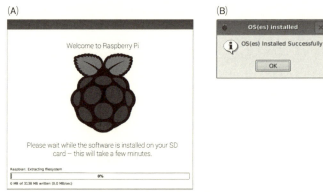

図 1-11 (A) インストール中の画面、(B) インストール後の画面

OKボタンをクリックします。するとRaspberry Piが自動的に再起動され、インストール後の設定に移ります。

1章　Raspberry Piのセットアップ

1.5 インストール後の設定

1.5.1 設定用アプリケーションの起動

それではここから、Raspbianの設定方法を解説していきます。なお、ここから先の手順は用いたNOOBSのバージョンによって大きく異なります。ここではNOOBS 1.4.2と1.5.0の設定方法を紹介し、NOOBS 1.4.1またはそれ以前のバージョンを用いた場合の設定方法は**付録G**[*2]にて紹介します。

NOOBS 1.4.2以降を用いた場合、Raspberry Piを起動すると図1-12のようなデスクトップ環境が現れます。この状態では、インターフェイスが英語である、キーボードが英語キーボードに設定されているなどの問題があります。これを日本語環境で使いやすいよう設定していきます。なお、NOOBS 1.4.2と1.5.0には、そのままでは日本語が表示できないなどの問題が多いのですが、その解決方法も合わせて解説します。

まず、左上のメニューボタンから「Preferences」→「Raspberry Pi Configuration」をマウスで選択してください。図

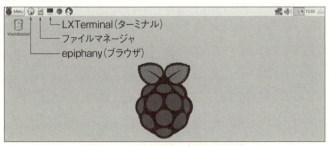

図1-12　デスクトップ環境（英語）

[*2] サポートページ（2ページで紹介）からダウンロードできるPDFファイルに掲載されています。

図 1-13　設定用アプリケーションの画面

1-13のような設定用アプリケーションが起動します。

1.5.2 パスワードの変更

本書で用いるRaspbianにはユーザー名とパスワードという概念があります。このユーザー名とパスワードはデフォルトでは下記のようになっています。

● ユーザー名：pi
● パスワード：raspberry

このうち、パスワードを自分の好みのものに変更することができます。変更不要だという方は次の項目に進んで構いません。

変更する場合、まずは新たなパスワードを決めましょう。なお、この時点では、キーボードの設定が済んでいないため、記号を多用するパスワードではキーボードの設定を済ませた後に認識されなくなってしまう可能性があります。そのため、ここでは半角の数字とアルファベット（0〜9、a〜z、A〜Z）からなるパスワードに決めるのが無難です。

新しいパスワードを決めたら、図1-13の「Change Password」ボタンをクリックしてください。「Enter new password」と「Confirm new password」という入力枠が2つ現れますので、変更したいパスワードを2回入力してから「OK」ボタンをクリックしてください。それでパスワードが変更されます。

1.5.3 言語の変更

デスクトップ環境を日本語にしたいところですが、NOOBS 1.4.2と1.5.0には日本語フォントが含まれていませんので、ここで日本語に設定すると、すべて文字化けしてしまいます。そこで、ここでは言語の変更を後回しにすることにします。

1.5.4 タイムゾーンの変更

ここではタイムゾーンを東京（標準時から＋9時間）に設定します。なお、Raspberry Piには時計を動かすための電池がついておらず、ネットワークに接続しない限りは電源を切るたびに時計がずれますので、ネットワークにつなぐまではRaspberry Piが示す時刻を信頼しない方がよいでしょう。

タイムゾーンの設定のため、まず図1-13の設定アプリケーションで「Localisation」タブをクリックし、「Set Timezone」ボタンをクリックします。現れたウインドウで、「Area」を「Asia」に、「Location」を「Tokyo」に選択してください。その際、選択肢はアルファベット順に並んでいますので、スクロールして見つけてください。そして「OK」をクリックすると、設定が完了します。

1.5.5 キーボードレイアウトの変更

デフォルトでは英語キーボードが設定されていますので、これを日本語109キーボードに変更しましょう。通常は、28ページの図1-13の設定用アプリケーションの「Localisation」タブの「Set Keyboard」ボタンから行うのですが、NOOBS 1.4.2と1.5.0の設定用アプリケーションにはキーボードの設定が保存できない、設定が1回しかできない、というバグがありますので、ここでは別の方法でキーボードの設定を行います。

まず、27ページの図1-12に示されているLXTerminalというターミナルソフトウェアを起動します。図1-14のようなアプリケーションが起動し、内部に下記のようなコマンド(命令)を受け付ける「コマンドプロンプト」が見えるでしょう。

```
pi@raspberrypi ~ $
```

ここに、キーボードで以下のコマンドを入力し、キーボードの [Enter] キーを押しましょう。このコマンドは、キーボードの設定が書き込まれたシステム上のファイルを、管理者権限のテキストエディタleafpadで編集するためのコマンドです。「sudo」の意味は2章で解説します。

```
sudo leafpad /etc/default/keyboard
```

図1-14 ターミナルソフトウェア LXTerminal

ファイルの中で下記の2行を次のように編集しましょう。

```
XKBLAYOUT="gb"
XKBVARIANT=""
```
↓編集
```
XKBLAYOUT="jp"
XKBVARIANT="OADG109A"
```

編集が終わったら、leafpadの「File」→「Save」を選択して変更を保存し、leafpadを閉じましょう。

以上が終わったら、一度Raspbianを再起動しましょう。左上のメニューボタンから、「Shutdown」を選択します。現れたウインドウの選択肢から「Reboot」(再起動)にチェックを入れ、「OK」をクリックしてください。再起動が始まります。

再起動が終わると、日本語キーボードを用いることができる設定になっています。ただし、まだデスクトップ環境は英語のままですので、それを変更していきましょう。

なお、キーボードとRaspberry Piの相性が悪いと、キーの刻印通りの文字が出ないことがあるようです。そのような場合、キーボードをRaspberry Piから抜き差しすると日本語キーボードと認識されることがありました。さらに、そのキーボードでは、Raspberry Piを起動するたびに抜き差しが必要でした。それが気になる場合、別のキーボードを試すか、サポートページで対策をご覧ください。

1.5.6 ネットワークへの接続

NOOBS 1.4.2と1.5.0では、日本語を表示するために日本語

フォントをインターネットからダウンロードしてインストールしなければなりません。そのため、説明が前後してしまいますが、本章末尾の**1.7**をもとにRaspberry Piをネットワークに接続してください。

1.5.7 日本語フォントのインストール

ネットワークへの接続が終わったら、27ページの図1-12に示されているLXTerminalというターミナルソフトウェアを再び起動しましょう。コマンドプロンプトに対し、下記の2つのコマンドを1つずつ順に入力して実行しましょう。

```
sudo apt-get update
sudo apt-get install fonts-vlgothic
```

1つ目のコマンドは、インストール可能なパッケージのリストを更新するためのもので、終了するまでに数分かかる場合があります。2つ目のコマンドが、実際にフォントをインストールするためのものです。この際、「Do you want to continue?（続行しますか？）」や「Install these packages without verification?（検証なしにこれらのパッケージをインストールしますか？）」などと聞かれることがありますので、その場合はそれぞれキーボードの［y］をタイプした後［Enter］キーを押して続行してください。やはり1分程度の時間がかかります。

この作業が終われば、日本語表示の設定を行えます。なお、インターネットの接続先の状況次第でフォントのインストールに失敗する場合があります。その場合、時間をあけてから再挑戦してください。フォントのインストールが完了するまでは次

項の言語の変更は保留し、英語環境のまま利用してください。

1.5.8 言語の変更

デスクトップ環境で日本語を表示するには、言語の変更を行います。そのために、まず28ページの図1-13のアプリケーションで「Localisation」タブをクリックし、さらに「Set Locale」ボタンをクリックしてください。現れた「Language」を「ja (Japanese)」に合わせましょう。選択肢はアルファベット順に並んでいます。すると、残りの項目である「Country」が「JP (Japan)」に、「Character Set」が「UTF-8」に変化します。それを確認して「OK」ボタンをクリックします。さらに、設定アプリケーションでもう一度「OK」ボタンをクリックすると、再起動 (reboot) を英語で促されますので、「Yes」ボタンをクリックして再起動しましょう。

1.5.9 Raspberry Piの電源を切る方法

最後に、Raspberry Piの電源を切る方法を解説しておきましょう。左上のメニューボタンから「Shutdown」を選択します。すると「Shutdown」にチェックが入ったウインドウが現れますので、そのままOKします。すると、Raspberry Piのシャットダウンが始まります。

このとき、今後のためにRaspberry PiのLEDの状態を観察しておきましょう。25ページの図1-9で示したLEDのうちmicroSDカードへのアクセスを示す「ACT」がしばらく点滅します。ディスプレイの表示が消え、この「ACT」というLEDの点滅が終わればシャットダウンは終了しています。この状態でRaspberry Piから電源を取り外しましょう。

1.6 いくつかの補足

1.6.1 用いたNOOBSのバージョンを知る方法

1.5で体験したように、本書では「NOOBS 1.4.2以降を用いてインストールしたRaspbian」と「NOOBS 1.4.1またはそれ以前を用いてインストールしたRaspbian」とで記述を分けることがしばしばあります。そのため、自分が使っているRaspbianがどのNOOBSに対応するかわかると便利です。

そのためには、LXTerminalで下記のコマンドを実行します。

```
uname -r
```

すると、Raspbianの核（カーネル）のバージョンが表示されます。NOOBSのバージョンとカーネルのバージョンの対応は**表1-2**の通りです。このように、カーネルのバージョンを表す数字が大きいほどNOOBSのバージョンは新しいと言えます。このカーネルのバージョンはOSのアップデートを行うと更新されることがあるのでご注意ください。カーネルのバージョンが更新されたとしても、本書の解説を読む際はインストール時に用いたNOOBSのバージョンに基づいて読んでください。なお、本書の中でOSのアップデートを指示する箇所はありませんので、通常は**表1-2**を参考にしていただいて構いません。

「NOOBS 1.4.1まで」と「NOOBS 1.4.2以降」で記述が大きく異なるのは、RaspbianがベースとしているOSであるDebian（デビアン）のバージョンがwheezyと呼ばれるものからjessieと呼ばれるものに切り替わったからです（Debian

や、wheezyまたはjessieという名称は、26ページの図1-10（A）の画面を注意深く観察すると見つけることができます）。表1-2に示されているように、NOOBS 1.4.2以降はjessie系列でバージョンアップしていくと考えられます。

表1-2　NOOBSのバージョンとカーネルのバージョンの対応

NOOBSの バージョン	Raspberry Pi Model B+ でのカーネルの バージョン	Rasbperry Pi 2での カーネルのバージョ ン	OSのベース のバージョン
1.4.0	3.18.7	3.18.7-v7+	wheezy
1.4.1	3.18.11	3.18.11-v7+	wheezy
1.4.2	4.1.7	4.1.7-v7+	jessie
1.5.0	4.1.13	4.1.13-v7+	jessie

1.6.2 デスクトップ環境ではなくコマンド環境にログインしたい場合

NOOBS 1.4.2以降では、**1.5**で見たようにRaspberry Piを起動すると自動的にデスクトップ環境が起動します。本書で初めてRaspberry Piに触れるという方はそのまま用いて構いません。一方、以前のNOOBSのバージョンのように、コマンド環境にログインするのが好みだという方は、28ページの図1-13の設定アプリケーションを、左上のメニューから「設定」→「Raspberry Pi Configuration」とたどって起動し、「System」タブの「Boot」項目にて「To CLI」を選択してください。

1.6.3 RaspbianをインストールしたmicroSDカードを削除する方法

Raspbianが不要になり、microSDカードをWindowsなどで使えるように戻したいときは、**1.3.3**で紹介したSDフォーマッター4.0でフォーマットしてください。その後このmicroSDカードにRaspberry Piを再インストールすることもできます。

1.7 ネットワークへの接続

Raspberry Piのインストールが完了し、ひと通りの操作を覚えたらRaspberry Piをネットワークへ接続してみましょう。そのためには、図1-15のように2台以上のPCをネットワークに接続できる環境が整っている必要があります。2台以上のPCとは、皆さんが普段使っているPCとこれから接続するRaspberry Piのことです。その環境が整っていない場合、接続業者などに相談するのがよいでしょう。

Raspberry Piを有線接続でネットワーク接続するためには、ネットワークケーブル（LANケーブル）が必要です。典型的には、ルーター機器のLANポートに接続することでRaspberry Piをネットワークに接続できるでしょう。

一方、Raspberry PiをWifiでネットワーク接続するために

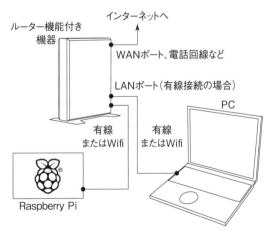

図1-15 ネットワークへの接続

は、Raspberry Pi用に「無線LAN USBアダプタ」という機器を購入する必要があります。無線LAN USBアダプタは、何を買ってもよいというものではなく、**Raspberry Piで動作するものを事前に調べておくことが重要**です。筆者が動作を確認した無線LAN USBアダプタは下記のものです。

- IO-DATA WN-G150U
- IO-DATA WN-G150UMK
- LOGITEC LAN-W150NU2AB
- BUFFALO WLI-UC-GNM
- BUFFALO WLI-UC-GNM2
- PLANEX GW-USNANO2A

インターネットで検索すると、他にも動作するものが見つかるでしょう。なお、動作状況はこれらの無線LAN USBアダプタのメーカーに問い合わせてもわかりません。Raspberry Piユーザーがブログなどで公開している情報を探しましょう。

これらの無線LAN USBアダプタをRaspberry Piに接続したらRaspberry Piを再起動し、図1-16のようにネットワークへ接続しましょう。

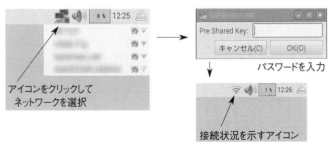

図1-16 Wifiによるネットワーク接続（NOOBS 1.4.2以降の場合）

2章 Raspberry PiでLEDを点滅させてみよう(Lチカ)

2.1 本章で必要なもの

本章では、Raspberry Piを用いてLED(エルイーディー、Light Emitting Diode)を点滅させることを目標にします。LEDとは発光ダイオードとも呼ばれる発光する電子部品です。LEDをチカチカさせるわけですから、LEDの点滅はLチカとも呼ばれます。そのために必要な物品をまとめると、表2-1のようになります。

表 2-1 本章で必要な物品

物品	備考
Raspberry Pi 一式	必須。1章でRaspbianの起動を確認したもの
330Ωの抵抗1個	必須。150Ω～330Ω程度のもので構いません。40～41ページのコラムで紹介するキットに含まれるほか、秋月電子通商の通販コードR-25331(100本入り)、千石電商のコード8AUS-6UHY(10本から)など
赤色LED 1個	必須。コラムで紹介するキットに含まれるほか、秋月電子通商の通販コードI-02320など
ブレッドボード	必須。コラムで紹介するキットに含まれるほか、秋月電子通商の通販コードP-00315、千石電商のコードEEHD-4D6Pなど
ブレッドボード用ジャンパーワイヤ(ジャンプワイヤ)(オス-メス)	必須。秋月電子通商の通販コードP-03471とその色違い、千石電商のコードEEHD-4DBLや4DL6-VHDXなど

2章 Raspberry PiでLEDを点滅させてみよう(Lチカ)

物品	備考
ブレッドボード用ジャンパーワイヤ(ジャンプワイヤ)(オス-オス)	必須。コラムで紹介するキットに含まれるほか、秋月電子通商の通販コードC-05159、千石電商のコードEEHD-4DBKやEEHD-0SLDなど
ニッパ	抵抗やLEDの端子を短くカットするため、用意することを推奨

各項目について、以下で1つずつ解説していきます。

2.1.1 抵抗（330Ω）と赤色LED

まず、図2-1と図2-2のような330Ω（オーム）の抵抗と赤色LEDを1つずつ用意します。
「330Ω」というのは抵抗の大きさを表しており、それを表す

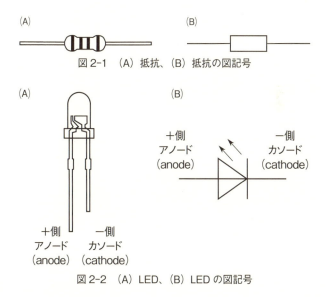

図2-1 (A) 抵抗、(B) 抵抗の図記号

図2-2 (A) LED、(B) LEDの図記号

「オレンジ、オレンジ、茶、金」の帯（カラーコード）が記されていることが多いでしょう。カラーコードから抵抗の大きさを読み取る方法を**付録D**[*3]に記しましたので、必要に応じて参照してください。

LEDは発光ダイオードとも呼ばれる、順方向に電圧を加えると発光する電子部品のことです。代表的なLEDは前ページの図2-2 (A) のような形状をしており、図記号は図2-2 (B) です。発光部のパッケージが赤色のものと透明のものとが売られていますが、どちらを用いても構いません。豆電球などと異なり向きがあるため、LEDを電源につなぐときは向きを正しく接続しなければなりません。LEDには2本の端子があり、長い方をアノード、短い方をカソードと呼び、アノードを電圧が高い側、カソードを電圧が低い側に接続します。これらは秋月電子通商や千石電商にて通信販売で購入できます。

COLUMN

Arduino Sidekick Basic Kit V2

　抵抗やLEDのようなこまごまとしたパーツを必要になるたびに購入するのは面倒なので、よく使う部品をまとめて入手できるセットがあると便利です。そのようなものとして、ここではSeeedStudioによるArduino Sidekick Basic Kit V2を紹介します。このセットはArduinoというマイコンボードを用いて電子工作を学ぶためのセットなのですが、含まれる部品自体はRaspberry Piでも用いることができ、さらに本章で必要な330Ωの抵抗と赤色　↗

[*3] サポートページ（2ページで紹介）からダウンロードできるPDFファイルに掲載されています。

LEDも含まれています。執筆時点では下記のサイトにて2500円程度で購入できましたが、時期によっては入手が難しいかもしれません。

- 千石電商オンラインショップ（https://www.sengoku.co.jp/）（千石電商での名称は「Arduino周辺部品セットV2」（コードEEHD-4NSB）です）
- アマゾン（http://www.amazon.co.jp/）

なお、このキットはArduino用であるため、Raspberry Piでは必須の「ブレッドボード用ジャンパーワイヤ（ジャンプワイヤ）（オス－メス）」は含まれません。38ページの表2-1にあるように、**秋月電子通商の型番P-03471とその色違いや千石電商のコードEEHD-4DBLなどを追加注文する必要がありますのでご注意ください。**

Arduino Sidekick Basic Kit V2以外にもArduinoやRaspberry Pi用の部品セットは売っていますが、ここでは、供給が安定していると思われるこのキットを紹介しました。なお、他のキット中にはArduino本体が含まれることにより価格が高くなっているものもあるので注意してください。本書ではArduinoは用いません。

2.1.2 ブレッドボード

ブレッドボードとは次ページの図2-3（A）のように穴がた

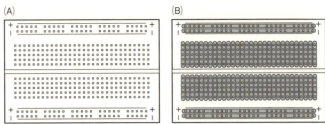

図2-3 (A) ブレッドボード、(B) ブレッドボードの内部接続

くさん空いたボードです。この穴に電子部品をさすだけで、はんだごてを使うことなく回路を作成できます。ブレッドボードは、図2-3 (B) のように灰色の部分が内部でつながっています。この性質に注意して回路を作成していきます。

2.1.3 ブレッドボード用ジャンパーワイヤ（ジャンプワイヤ）（「オス－メス」および「オス－オス」）

図2-4 (A) のようなオス－メスタイプのジャンパーワイヤを、Raspberry Piとブレッドボードを接続するために用います。また、図2-4 (B) のようなオス－オスタイプのジャンパーワイヤをブレッドボード内の配線に用います。

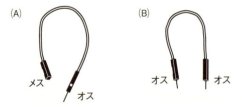

図2-4 ジャンパーワイヤ（ジャンプワイヤ）。(A) オス－メスタイプ、(B) オス－オスタイプ

2.2 Raspberry Pi上のGPIOポート

2.1で紹介したパーツをRaspberry Piと接続するためには、Raspberry PiのGPIOポートについて知っておく必要があります。Raspberry Piの基板表面を見ると、40本のピンが立っている箇所があります。このピンの集合をGPIOポートと言います。これをRaspberry Piの右上に来るような向きで描いたのが図2-5です。ピンの横に1から40のピン番号が書かれています。そしてそのピン番号の横に吹き出しでそのピンの意味

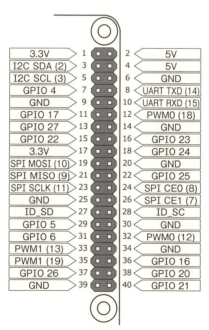

図2-5　Raspberry Pi の GPIO ポートの各ピンの役割

や用途が表示されています。また、「I2C SDA (2)」のようにカッコに入った数字が書かれている場合は、そのピンが「GPIO 2」という別名を持つことを示します。なお、この図は今後頻繁に用いますので、前ページをコピーし、図2-5の部分を切り取ってRaspberry Piの近くに置いておくと便利です。

なお、Model B+が登場する以前のRaspberry Pi Model Bには図2-5のうち26番のピンまでしかありませんので、回路図を読む際には注意してください。

●電源ピンとGPIOポート

図2-5のうち、5Vを出力するピン2と4、および3.3Vを出力するピン1と17、さらにGPIOの関係を図2-6を用いて解説しておきましょう。まず、Raspberry PiにはマイクロUSB端子から電源を供給しているのでしたが、この電圧は5Vです。この5Vは、皆さんの用いるキーボードやマウスのようなUSB機器や、HDMIディスプレイ用の端子へ供給され、さらにGPIOポートのピン2と4へも供給されます。しかし、Raspberry Piの心臓部のBCM2835（Model B+の場合）またはBCM2836（Raspberry Pi 2の場合）が動作する電圧は5Vではなく、3.3Vです。そのため、レギュレータと呼ばれる部品で5Vを3.3Vに降圧したものがBCM2835（BCM2836）へ供給されます。そし

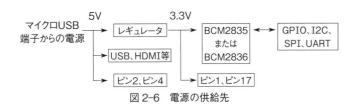

図2-6　電源の供給先

2章　Raspberry PiでLEDを点滅させてみよう(Lチカ)

て、その3.3Vがピン1と17からも利用できるわけです。GPIOはBCM2835（BCM2836）へ接続されています。

●電源ピンとGPIO

この図2-6からいくつか重要なことがわかります。まず、1章において、マイクロUSB端子へ接続する電源は1.2A以上の電流を供給できるものを推奨しました。その電流は電源が供給できる最大の電流を表していますが、それが図2-6のようにBCM2835（BCM2836）やUSB、GPIOのピンなど、Raspberry Pi上のさまざまな部品に供給されます。そのため、5Vピンや3.3Vピンに自作の回路を接続し、たくさんの電流を流してしまうと、BCM2835（BCM2836）へ供給される電流が少なくなり、その結果システムが不安定になってRaspberry Piが強制終了してしまう、などということが起こります。さらに、GPIOに流すことのできる電流にも制限があります。具体的には、表2-2のような制限がありますので注意しましょう。

表2-2　電源ピンとGPIOに流すことのできる電流

	5Vピン	3.3Vピン	GPIO(1本)	GPIO(合計)
Raspberry Pi Model B (旧モデルB)	マイクロUSBの電源が流すことのできる電流－700mA	50mA	8mA (デフォルトで)	50mA
Raspberry Pi Model B+	マイクロUSBの電源が流すことのできる電流－600mA	1000mA －600mA =400mA程度		
Raspberry Pi 2 Model B	マイクロUSBの電源が流すことのできる電流－900mA	1000mA －900mA =100mA程度		

44ページの図2-6から読み取れるもう一つ重要なことは、5Vを出力するピンの取り扱いには注意すべきだということです。ピン2と4から5Vを利用できますが、この電圧を誤って図2-6において3.3Vで動いている領域に与えてしまうと、Raspberry Piを壊してしまう可能性がある、ということです。そのため、5Vピンの利用の際はピンを回路の他の部分に接触させないよう注意すべきです。本書ではモーター用の電源として乾電池による4.5Vを利用することもありますが、その4.5Vを図2-6の5Vで動作する領域や3.3Vで動作する領域に与えないことも重要です。

2.3 Raspberry Piを用いたLEDの点灯

まず、この節ではLEDが点灯することを確認してみましょう。プログラムによりLEDを点滅させることは次節で行います。

このLEDを点灯するための回路が図2-7 (A) です。330Ωの抵抗とLEDを+3.3Vの電源に直列につなぐ回路です。図中のGNDとは0Vの部分を表し、回路中の電圧を測るための基準となるものです。なお、図のように一列に回路部品をつなぐことを直列接続と言います。豆電球などと違い、抵抗を用いる必要があることに注意してください。この抵抗は、LEDに流れる電流を適切な大きさに調節するために用います。Raspberry Piを用いて赤色LEDを点灯する場合、150Ωより大きい抵抗を用います。小さな抵抗を用いるとより多くの電流が流れ明るく点灯しますが、電流を流しすぎるとLEDが壊れてしまうことがあります。なお、図2-7 (A) ではLEDを3.3V

2章 Raspberry PiでLEDを点滅させてみよう(Lチカ)

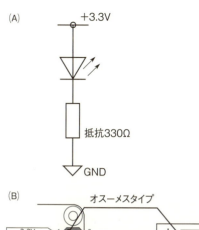

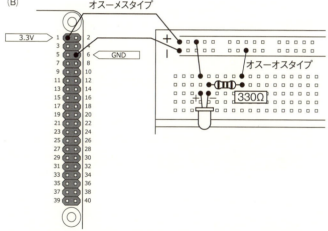

図2-7 (A) LEDを点灯する回路、(B) ブレッドボード上の配線 [4]

側、抵抗をGND側に接続しましたが、この順番は逆でも構いません。

この回路をブレッドボード上に構成したのが図2-7（B）です。このように3.3VのピンとGNDのピンをブレッドボードの

[4] 演習で用いる配線図のPDFを本書サポートページ（2ページで紹介）からダウンロードできます。

＋と－の位置に接続すると、横一列がそれぞれ3.3VとGNDとして使えますので、作成する回路が複雑になったときには便利です。

●抵抗とLEDの端子のカット

前ページの図2-7（B）のようにブレッドボードにジャンパーワイヤ、抵抗とLEDをさしていきますが、その前に抵抗やLEDの端子を図2-8のようにブレッドボードに適した長さにニッパでカットしておきましょう。そうしないと、作成する回路が複雑になったときに回路内で接触すべきではない部分が接触するショートが起こってしまいます。なお、LEDの端子を同じ長さでカットすると、端子の長さでアノードとカソードを見分けることができなくなりますので、端子をカットする際に少しだけ長さを変えておくのがよいでしょう。

●ブレッドボード上で回路を組み立てる際の注意点

図2-7（B）のような回路の配線は、Raspberry Piの電源が投入された状態で行って構いません。ただし、トラブルを避け

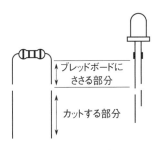

図2-8　抵抗とLEDの端子を適切な長さにカット

る意味で、下記の原則を守るようにするとよいでしょう。

● Raspberry Piにオス-メスタイプのジャンパーワイヤをさす際、ブレッドボード側のオスピンを先にさし、Raspberry Pi側のメスピン側を後にさす

　その理由を説明しましょう。たとえば、3.3Vピンに接続するという状況でRaspberry Pi側のメスピンを先にさすと、3.3Vの状態にあるオスピンを手にもって作業することになります。その際、手が滑るなどして、そのオスピンを回路上で接触すべきではない部位に接触させてしまう、などということがあり得ます。たとえば、3.3VピンをGNDピンと直接接触させてしまうと、Raspberry Piが強制終了してしまいます。そのようなミスは、回路作成に慣れて気を抜いているときに起こりがちです。そのため、オスピンを先にブレッドボードにさす癖をつけておいた方が安全なわけです。

　同様に、回路を片付けるためにジャンパーピンを抜く場合も、下記の原則を守るようにするのが安全です。

● Raspberry Piからオス-メスタイプのジャンパーワイヤを抜く際、Raspberry Pi側のメスピン側から先に抜く

●LEDに流れる電流の計算方法

　LEDの点灯法がわかったところで、47ページの図2-7（A）の回路でLEDに流れる電流の計算方法を知っておきましょう。電圧 V ［V］と電流 I ［A］と抵抗 R ［Ω］の間に成立す

るオームの法則 $V=RI$ を用います。

まず、LEDが点灯しているとき、LEDの両端の電圧はほぼ一定に近い値を取る性質があります。この電圧を順方向降下電圧といい、記号では V_f と書きます。順方向降下電圧の値はLEDによって異なりますが、赤色LEDの場合は2.1V程度を取ることが多いので、この値を用いて計算しましょう。このとき、47ページの図2-7（A）の抵抗には3.3V-2.1V=1.2Vの電圧がかかります。そのため、回路に流れる電流は1.2V/330Ω=0.00363…A、すなわち約3.6mAと計算されます。

2.2 で解説したように、Raspberry Piのピンに流せる電流には制限があります。そのため、自分が作成した回路にどの程度の電流が流れるのかを知っておくことは重要なことです。

2.4 LED点滅のためのプログラムの記述

2.4.1 LED点滅用の回路

それでは、ここからLED点滅をプログラムにより実現します。あらかじめRaspberry Piを起動しておきましょう。NOOBS 1.4.1またはそれ以前に含まれるRaspbianを用いている方は、ログインしstartxでGUI環境を立ち上げる必要があります。

また、**付録A**に従い、本書で用いるサンプルプログラムをRaspberry Piにコピーしておいてください。

作成する回路は図2-9のようなものです。これは、47ページの図2-7（B）の回路と比べると、3.3Vピンに接続されていたジャンパーワイヤをGPIO25につなぎ替えただけのものと等価

2章 Raspberry PiでLEDを点滅させてみよう(Lチカ)

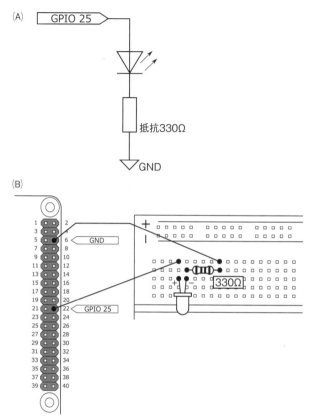

図2-9 (A) LEDを点滅させるための回路、(B) ブレッドボード上の配線

です。GPIO25にHIGH（3.3Vに対応します）を出力するとLEDが点灯し、LOW（GND、すなわち0Vに対応）を出力するとLEDが消灯する回路となっています。

2.4.2 開発環境idleの起動と利用

　次に、プログラミング言語Python（パイソン）の開発環境であるidle（アイドル）を起動します。Pythonを電子工作のために用いる場合、OSのインストールに用いたNOOBSのバージョンによって、いくつかの起動方法があります。

　まず、NOOBS 1.4.1またはそれ以前に含まれるRaspbianをお使いの方は、管理者権限でidleを起動する必要があります。まず、27ページ図1-12のアイコンからLXTerminalを立ち上げます。プロンプトが表示された黒い画面のアプリケーション（ターミナル）が起動しますので、そこで

```
sudo idle &
```

と記述して［Enter］キーを押してください。`sudo`は管理者権限でアプリケーションを起動することを意味します。末尾の「&」は「idleをバックグラウンドで動作させ、（idleの後に）別のアプリケーションを起動できるようにする」ために付加します。

　一方、NOOBS 1.4.2以降に含まれるRaspbianをお使いの方は、管理者権限のないidleでもプログラムが実行可能になっています。すなわち、上記の方法以外に、27ページ図1-12のアイコンから起動したLXTerminalで

```
idle &
```

を実行して起動したidleや、メニューから「プログラミング」

2章 Raspberry PiでLEDを点滅させてみよう（Lチカ）

図 2-10 開発環境 idle の Python Shell

→「Python 2」とたどって起動したidleでも構いません。ただし、本書のプログラムの中には管理者権限を必要とするものもあるため、混乱を避けるうえですべてを管理者権限つきのidleで実行するのもよいでしょう。

idleを実行すると、図2-10のように「Python Shell」と呼ばれるウインドウが立ち上がります。この画面は、プログラム実行時のエラーや警告などが表示されるものです。次に、LED点滅用のプログラムを開いてみましょう。図2-11のようにPython Shellのメニューから「File」→「Open」を選択し、**付録A**でコピーしたサンプルプログラムに含まれているbb2-

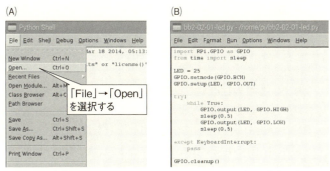

図 2-11 （A）Python Shell からのファイルのオープン、（B）別ウインドウで開かれたファイル

53

(A)

(B)

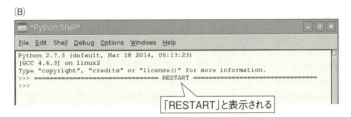

図2-12 (A) プログラムの実行、(B) プログラム実行時のPython Shellの様子

02-01-led.pyを開いてみましょう。その後、図2-12 (A) のようにメニューから「Run」→「Run Module」を選択することで、プログラムが実行されます。プログラムが正しく実行されると、図2-12(B) のようにPython Shellでは「RESTART」と表示され、プログラムが実行されたことがわかります。さらに、ブレッドボード上の回路ではLEDが0.5秒ごとに点灯、消灯を繰り返しているはずです。

これで、本章の目標であるLEDの点滅は実現しました。次にプログラムの終了方法も学んでおきましょう。Python Shellウインドウ上でキーボードの [Ctrl] キーを押しながら [c] キーを押すと（これをCtrl-cと呼びます）、プログラムが終了します。

なお、このプログラムのポイントを以下で簡単に解説してお

2章 Raspberry PiでLEDを点滅させてみよう（Lチカ）

きます。

```
 1  import RPi.GPIO as GPIO
 2  from time import sleep
 3
 4  LED = 25
 5  GPIO.setmode(GPIO.BCM)
 6  GPIO.setup(LED, GPIO.OUT)
 7
 8  try:
 9      while True:
10          GPIO.output(LED, GPIO.HIGH)
11          sleep(0.5)
12          GPIO.output(LED, GPIO.LOW)
13          sleep(0.5)
14
15  except KeyboardInterrupt:
16      pass
17
18  GPIO.cleanup()
```

プログラム 2-1：LED を点滅させるプログラム

importが含まれる最初の2行は、プログラム中で用いるGPIOモジュールとsleep命令を使えるようにするためのものです。

「LED = 25」はLEDを接続するGPIOの番号をLEDという変数に保存しています。「GPIO.setmode(GPIO.BCM)」は、GPIO

をピン番号ではなく、GPIOの番号で指定するためのものです（43ページの図2-5）。「GPIO.setup(LED, GPIO.OUT)」はGPIO 25を出力に設定しています。LEDには25という番号が保存されているのでしたね。これら2つの命令は、プログラム起動時にそれぞれ一度だけ呼ばれる命令です。

プログラム本体で着目すべき構造を枠で囲ったのが図2-13です。try: の後に4文字だけ字下げされた箇所（「while True:」で始まる箇所）が四角で囲われています。この部分が通常実行される部分です。また、「try:」で始まり4文字の空白でまとめられる部分を「ブロック」と呼びます。

そして、Ctrl-cが実行されると、tryのブロックからexcept KeyboardInterruptのブロックに処理が移ります。今回の場合は1行だけの命令passが実行されます。この命令は「何もせず次の命令に移る」という意味です。そして、その次の行にはGPIO.cleanup()と書かれていますが、この命令が、GPIOの設定を解除する命令です。以上の構造により、「通常はtryのブロックが実行され、Ctrl-cにより except KeyboardInterrupt

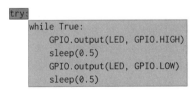

図2-13 プログラムの構造

2章 Raspberry PiでLEDを点滅させてみよう(Lチカ)

のブロックに処理が移り、最後にGPIOの設定が解除され、プログラムが正常終了する」という流れが実現します。なお、ここでのcleanup命令はすべてのピンに対して適用されますが、GPIO.cleanup(25)のようにピン名を指定することで、このピンの設定だけを解除することもできます。

それでは、「通常実行される」と述べた「while True:」で始まる箇所は何をしているでしょうか。この部分だけをまとめて表示したのが図2-14です。この部分はwhileループと呼ばれ、プログラム実行中に何度も繰り返される部分です。この部分はさらに4文字の字下げがされており、ブロック構造をなします。先ほどの「try:」で始まるブロックも含めるとブロックの入れ子構造になっていますので、実際にはwhileの行は4文字の字下げ、GPIO.outputやsleepの行は8文字の字下げになっています。この字下げの字数（字下げのレベル）によってブロックを区別するのがPythonの特徴です。図2-14のようにこの部分が繰り返して実行されます。繰り返す内容は、GPIO 25をHIGH（3.3V）にセットし（GPIO.output(LED, GPIO.HIGH)）、0.5秒待ち（sleep(0.5)）、GPIO 25をLOW（0V）にセットし（GPIO.output(LED, GPIO.LOW)）、また0.5秒待つ、というもの

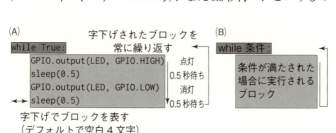

図 2-14 whileループの構造

です。その結果、GPIO 25に接続されたLEDの状態が0.5秒おきに変更され、結果的にLEDが点滅するわけです。

次章以降で登場するプログラムはこれと同様、図2-15（A）のような構造を持つことになります。さらに、関数と呼ばれる「必要に応じて呼ばれる処理をまとめたもの」を加えた図2-15（B）も多く登場します。関数については登場した際に紹介します。

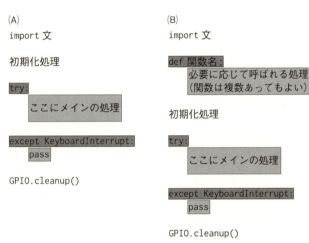

図 2-15　今後登場する基本的なプログラムの構造。(A)関数がない場合、(B) 関数がある場合

以上、1章と2章において、Raspberry Piのセットアップから Lチカまで駆け足で解説してきました。ここまでの内容をより詳しい解説で学びたいという方は、前著『Raspberry Piで学ぶ電子工作』をご参照ください。

本書では、次章より実例を用いてRaspberry Pi上の電子工作を学んでいきます。

3章 たくさんのLEDを点灯させてみよう

3.1 本章で必要なもの

本章では、Raspberry Piを用いてたくさんのLEDの点灯状態を制御します。Raspberry PiにLEDをたくさんつなぎたい場合、GPIOの本数と流せる電流の大きさとがそれぞれ限られていることから、つなげるLEDの数が制限されてしまいます。その問題を、本章ではシフトレジスタと呼ばれる電子部品を用いて解決します。

表3-1 本章で必要な物品

物品	備考
Raspberry Piと電子工作物品	必須。2章でRaspbianの起動を確認したもの
8ビットシフトレジスタ SN74HC595N	必須。1個用いる。秋月電子通商の通販コード I-08605
赤色LED	必須。1つ目の演習では3個、2つ目の演習では7個用いる。秋月電子通商の通販コードI-02320(10個入り)など
330Ωの抵抗	必須。1つ目の演習では3個、2つ目の演習では7個用いる。秋月電子通商のコード R-25331(100本入り)、千石電商のコード 8AUS-6UHY(10本から)など
タクトスイッチ	必須。2つ目の演習でのみ1個用いる。秋月電子通商の通販コードP-03647など

各項目について、以下で解説していきます。

3.1.1 8ビットシフトレジスタSN74HC595N

8ビットシフトレジスタSN74HC595Nは、図3-1 (A) のように8本×2列の計16本の端子を持つ電子部品です。本演習ではLEDをRaspberry Piではなくこのシフトレジスタに接続して点灯させます。

3.1.2 抵抗（330Ω）と赤色LED

2章で用いたものを複数用意してください。本章では大きく分けて2種類の演習を行いますが、1つ目の演習ではそれぞれ3個、2つ目の演習ではそれぞれ7個用います。2つ目の演習に必要な個数が多いのですが、これより少ない個数しか持ってなくても、2つ目の演習を体験することはできます。また、電子工作キットによっては「赤色LED 5個、緑色LED 5個」のような構成になっているものもあるでしょう。その場合、色違いを7個でもやはり演習の体験はできます。このように、動作を確認してから必要に応じてLEDと抵抗を追加購入する、という方針でも構いません。

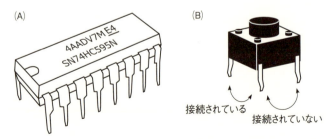

図3-1 (A) 8ビットシフトレジスタ SN74HC595N、(B) タクトスイッチ

3.1.3 タクトスイッチ

タクトスイッチは図3-1 (B) のような押しボタンスイッチです。電子工作キットに含まれる場合も多いでしょう。2つ目の演習でのみ用います。

3.2 8ビットシフトレジスタSN74HC595Nの使い方

3.2.1 たくさんのLEDを接続したいときの問題点

Raspberry PiにLEDをたくさん接続し点灯状態を制御したい、という状況を考えます。たとえば、LEDの電光掲示板は多くの場合100個以上のLEDの点灯状態を制御する必要があります。

しかし、Raspberry Piに直接つなぐことのできるLEDの数には限度があり、以下の2つの制限により決まります。

(A)　Raspberry Pi上でLEDを接続できるGPIOの本数
(B)　Raspberry PiのGPIOに流せる電流の大きさ

(A) のGPIOの本数については、43ページの図2-5においてGPIO番号のあるピンのうち、I^2C用の2本のピンを除いた24本がLED接続用として使えます。しかし、それより多いLEDを直接接続することはできません。

また、(B) の電流の大きさについては、**2.2**で解説したように「GPIO 1つあたりデフォルトで8mA、GPIO全体で50mA」という制限があります。そのため、GPIO 1つにつき

8mAの電流を流してLEDを制御する場合、50mA/8mA=6.25より、接続できるLEDは6個となります。このように、（A）と（B）では（B）の方が厳しい制限となっています。

この（A）と（B）の制限を乗り越える方法として、本章では8ビットシフトレジスタSN74HC595Nと呼ばれる電子部品を用います。シフトレジスタを用いてどのようにLEDを制御するのか、解説していきましょう。

3.2.2 シフトレジスタSN74HC595NによるLEDの点灯制御

SN74HC595Nのそれぞれの端子の役割を示したのが図3-2 (A) です。このうちQ_A、Q_B、…、Q_Hの計8本の端子が出力を表し、それぞれにLEDを接続することができます。出力が8個あるので「8ビット」シフトレジスタと呼ばれます。SN74HC595N 1つにつき8個LEDを接続できますので、SN74HC595Nの個数を増やすと接続できるLEDもどんどん増やすことができます。なお、SN74HC595Nの出力1つに流せる電流はそれぞれ6mAですので注意しましょう。

まずはSN74HC595Nの動作を理解しましょう。後にRaspberry Piを用いて行う演習に基づいて解説します。いきなり8個のLEDを接続するのは配線が大変ですので、まずは図3-2 (B) のようにLED 3個をQ_A、Q_B、Q_Cに接続するところからはじめましょう。

このLEDに対して、[1, 1, 0] の状態を与えることを考えます。Raspberry Piのようなデジタル回路では、

● 「1」、「H」、「HIGH」（Raspberry Piでは3.3Vの電圧）

および

● 「0」、「L」、「LOW」（Raspberry Piでは0Vの電圧）

3章 たくさんのLEDを点灯させてみよう

をデジタル回路の2状態を示す呼称として用いることがしばしばあります。今回の例の場合、「1」すなわち「H」を与えられたLEDが点灯し、「0」すなわち「L」を与えられたLEDが消灯する、というイメージです。

図3-2 (B) のように、この [1, 1, 0] という数値を [H, H, L] に変換した後、SN74HC595NのSER端子に与えます。す

(A)
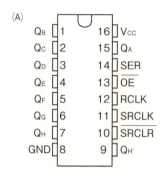

(B)
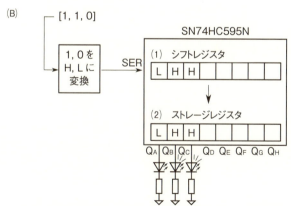

図3-2 (A) SN74HC595N の端子の役割、(B) SN74HC595N で3個の LED を制御する流れ

ると、SN74HC595N内部のシフトレジスタに図のように状態が格納されます。与えた［H, H, L］が［L, H, H］のように順番が逆転して格納されますが、その理由は後に解説します。なお、この時点ではまだLEDは点灯しません。次に、シフトレジスタに格納された［L, H, H］の状態を、SN74HC595Nのストレージレジスタと呼ばれる部分にコピーします。ストレージレジスタにはLEDが図のように接続されていますから、ストレージレジスタの状態にもとづいてLEDが点灯または消灯します。これが、SN74HC595Nにデータを与えて、LEDが点灯するまでの概略です。

次に、この概略をより詳しく見ていきましょう。［1, 1, 0］すなわち［H, H, L］をSN74HC595Nに与える例を引きつづき解説します。いま、図3-3（A）のSER信号のように、［H, H, L］を時間を区切ってSN74HC595Nに与えます。その際、SRCLK端子に対して図のようにH/L間を切り替わる信号を与えます。SN74HC595NはSRCLKに与えられた信号がLからHに切り替わるとき（ポジティブエッジといいます）に、SERの状態（HかLか）を読み取り、内部のシフトレジスタに保存していきます。その保存の流れを、図中のタイミング（1-1）、（1-2）、（1-3）で見てみましょう。

（1-1）のタイミングでは、1つ目のHを読み取った後ですので、図3-3（B）のように、シフトレジスタの左端にHが1つ格納された状態です。（1-2）は2つ目のHを読み取った後ですが、このとき、1つ目のHは右に1つずれ（シフトし）、2つ目のHが左端に格納されます。そして、（1-3）のタイミングでは、2つのHがそれぞれ1つずつ右にシフトし、左端にLが格納されます。これが、［H, H, L］というデータが［L, H,

3章 たくさんのLEDを点灯させてみよう

H］の順で格納された理由です。

そして、シフトレジスタへの3個のデータの格納が終わったら、SN74HC595NのRCLK端子に図3-3（A）のような信号を与えます。この信号のポジティブエッジのタイミングで、シフトレジスタのデータがストレージレジスタにコピーされます（図3-3（B））。63ページの図3-2でも触れたように、LEDが点灯するのは（2）のタイミングです。(1-1)、(1-2)の状態はLEDの状態を見ていても観測されませんので注意してください。

このように、SN74HC595Nにデータをまとめて送ることで、SN74HC595Nに接続されたLEDが点灯する仕組みです。それでは、Raspberry Piでこの動作を確認してみましょう。

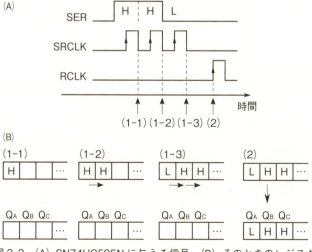

図3-3 （A）SN74HC595Nに与える信号、（B）そのときのレジスタの様子

65

3.2.3 3個のLEDを制御する回路

　SN74HC595Nの動作を理解したところで、実際に回路をブレッドボード上に構成して動作を確認してみましょう。作成する回路の配線を示したのが図3-4です。SN74HC595Nの半円状の切り欠きの位置に注意し、逆向きにささないよう注意しましょう。前ページの図3-3 (A) のSER、SRCLK、RCLKをそれぞれGPIO 25、GPIO 23、GPIO 24に割り当てています。また、SN74HC595N上でLEDをつなぐQ_A、Q_B、Q_C端子の位置に、A、B、Cと記しました。同様に、それらの端子に接続するLEDにも、A、B、Cと記してあります。また、この配線図ではブレッドボードの上部の「-」のラインと下部の「-」のラインをどちらもGNDとして活用しています。そのために、上部の「-」ラインと下部の「-」ラインをジャンパーワイヤで接続し、共通化しています。これを忘れるとこの回路は動作しませんので注意しましょう。

　また、SN74HC595Nの端子でこれまで解説しなかったものについてもここで解説しておきましょう。63ページの図3-2

COLUMN

SN74HC595Nを引き抜く際の注意点

　SN74HC595Nには16本の端子があるので、ブレッドボードから引き抜く際、端子が曲がらないよう真上に引き抜かなければいけません。端子を何度も曲げて折ってしまうと、使用できなくなります。注意しましょう。

3章 たくさんのLEDを点灯させてみよう

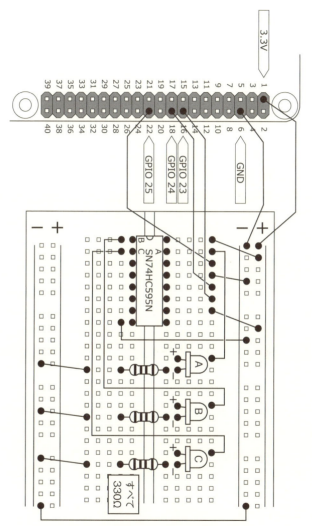

図3-4　3個のLEDを制御する回路　*5

*5 演習で用いる配線図のPDFを本書サポートページ（2ページで紹介）からダウンロードできます。

(A) を適宜参照してください。V_{CC}端子はSN74HC595N に対する電源で、2Vから6Vを接続します。ここではRaspberry Piの3.3Vピンに接続しています。OE端子はOEの文字の上に線が引かれていますが、これは負論理であることを表し、「HIGHのときに無効、LOWにすると有効」となります。OEとは「Output Enable」すなわち「出力を有効にする」という意味なので、ここではLOW、すなわちGNDに接続して出力を有効にします。SRCLR端子も負論理であり、シフトレジスタをクリアする、という意味なのですが今回は用いないのでHIGH、すなわち3.3Vに接続して無効にしておきます。Q_H'端子はSN74HC595Nを2個以上用いる際に使う端子なので、ここでは用いません。

3.2.4 3個のLEDを制御するプログラム

回路の準備ができたら、プログラムを実行してみましょう。**2.4.2**で解説した方法でidleを起動してサンプルプログラムbb2-03-01-3led.pyを読み込みます。サンプルプログラムのダウンロード法は**付録A**で解説されています。また、idleの起動法は用いるNOOBSのバージョンにより異なるのでした。**2.4.2**で確認してください。

プログラムを実行するためには、プログラムが表示されている画面のメニューから「Run」→「Run Module」を選択するのでした。3個のLEDのうち2つが点灯し、その点灯している2つが移り変わっていく様子が見られるはずです。なお、プログラムの終了は、Python Shellウインドウ上でCtrl-cを実行するのでした。

それでは、なぜLEDがこのような動作をするのか、プログ

3章 たくさんのLEDを点灯させてみよう

ラムに即して解説していきましょう。なお、プログラムの内容を理解できなくても演習は実行できますので、回路の動作確認を優先させたい方は解説をとばして**3.3**に進んでも構いません。本書のこれ以降のサンプルプログラムの解説の位置づけも同様とします。

```python
1  import RPi.GPIO as GPIO
2  from time import sleep
3
4  def sendLEDdata(data, ser, rclk, srclk):
5      n = len(data)
6
7      GPIO.output(rclk, GPIO.LOW)
8      GPIO.output(srclk, GPIO.LOW)
9
10     for i in range(n):
11         if data[i] == 1:
12             GPIO.output(ser, GPIO.HIGH)
13         else:
14             GPIO.output(ser, GPIO.LOW)
15
16         GPIO.output(srclk, GPIO.HIGH)
17         GPIO.output(srclk, GPIO.LOW)
18
19     GPIO.output(rclk, GPIO.HIGH)
20     GPIO.output(rclk, GPIO.LOW)
21
```

```
22  SER = 25
23  RCLK = 24
24  SRCLK = 23
25
26  GPIO.setmode(GPIO.BCM)
27  GPIO.setup(SER, GPIO.OUT)
28  GPIO.setup(RCLK, GPIO.OUT)
29  GPIO.setup(SRCLK, GPIO.OUT)
30
31  LEDdata1 = [1,1,0]
32  LEDdata2 = [1,0,1]
33  LEDdata3 = [0,1,1]
34
35  try:
36      while True:
37          sendLEDdata(LEDdata1, SER, RCLK, SRCLK)
38          sleep(1)
39          sendLEDdata(LEDdata2, SER, RCLK, SRCLK)
40          sleep(1)
41          sendLEDdata(LEDdata3, SER, RCLK, SRCLK)
42          sleep(1)
43
44  except KeyboardInterrupt:
45      pass
46
47  GPIO.cleanup()
```

プログラム 3-1 LED 3個を制御するプログラム

3章 たくさんのLEDを点灯させてみよう

　プログラム3-1がサンプルプログラムbb2-03-01-3led.pyの内容です。これは58ページの図2-15（B）のように関数がある場合の形をしています。関数は必要な場合に呼ばれる処理ですから、まずは初期化処理とプログラムのメイン部であるwhileループから理解するようにします。

　初期化処理の冒頭は2章のLチカのサンプルとあまり変わりません。GPIO 25、GPIO 24、GPIO 23をそれぞれSER、RCLK、SRCLKに割り当て、それらを出力に設定しています。

　この例でまず重要なのは下記の行です。

LEDdata1 = [1,1,0]

　[1, 1, 0]はこれまで63ページの図3-2や65ページの図3-3で用いてきたようにSN74HC595Nを通して3個のLEDに渡すデータです。コンマで区切られた数値を角括弧[]で囲っていますが、これはプログラミング言語Pythonでリストと呼ばれるデータ構造であり、複数の値をまとめるときに使われます。LEDdata1はこのリストを格納する変数です。このリストに含まれる3個の数値1、1、0はこの変数LEDdata1を用いてそれぞれLEDdata1[0]、LEDdata1[1]、LEDdata1[2]と表されます。

　すでに図3-2や図3-3で解説したように、LEDdata1は3個のLEDに与える点灯のパターンを表していますが、同様にさらに2つの点灯パターンLEDdata2とLEDdata3も定義されていることがわかります。以上が初期化処理で行われていることです。

　次に、プログラムのメイン部分であるwhileループを解説します。以下の2行は点灯パターンLEDdata1を送信し、その点

灯状態で1秒待機することを示す命令です。

```
sendLEDdata(LEDdata1, SER, RCLK, SRCLK)
sleep(1)
```

なお、同様にLEDdata2とLEDdata3の送信に対応する命令があることもわかるでしょう。その結果、このプログラムは3種類の点灯パターンを1秒ごとに切り替えるという動作になります。sendLEDdataは関数と呼ばれるもので、必要なときに呼ばれる処理をまとめたものです。この関数は筆者が作成したもので、その定義はプログラムの4行目から書かれています。プログラム上でファイルの冒頭に書かれているからといって、その部分が先に実行されるわけではないことに注意してください。「必要なときに呼ばれる」とは「必要なければ（呼ばれなければ）実行されない」ということも意味します。なお、この関数名sendLEDdataは、LEDのデータ（data）を送信（send）することを意味するように筆者がつけた名前です。このように、内容を示す名前を適切につけることで、関数はわかりやすいものになります。

それでは、4行目から始まるsendLEDdata関数の中身を簡単に見ていきましょう。ここで行われているのは、63ページの図3-2（B）、65ページの図3-3（A）で解説した処理です。なお、sendLEDdata関数の内部では、データ、SERピン、RCLKピン、SRCLKピンをそれぞれdata、ser、rclk、srclkという変数名で定義しています。しかし、呼び出し時にはこれらの変数にそれぞれLEDdata1、SER、RCLK、SRCLKなどが渡されま

3章　たくさんのLEDを点灯させてみよう

すから、動作時にはdata、ser、rclk、srclkはそれぞれLEDdata1、SER、RCLK、SRCLKと同一視して構いません（ただし、dataのみは、LEDdata1、LEDdata2、LEDdata3の3通りがあります）。

　以下の命令では、この関数に渡されたリストの要素の数を変数nに格納しています。

```
n = len(data)
```

　今回の例で渡されるリストはたとえば[1, 1, 0]ですから、要素の数である3がnに格納されます。

　以下の行から始まるブロックは、Pythonでforループと呼ばれるものであり、そのブロックをn回繰り返して実行します。

```
for i in range(n):
```

　その際、変数iはループ回数を表す変数として0、1、2、…、n-1まで変化します。forループのイメージ図が次ページの図3-5（A）です。今回の例の場合、nは3ですから、リスト[1, 1, 0]内の3個のデータを1つずつ送信する、という処理が実現されます。

　以下の行から始まる4行は、if文と呼ばれるもので、リスト内の数値が1だったらSERピンにHIGHを、0だったらSERピンにLOWを出力する、という処理を実現しています。

```
if data[i] == 1:
```

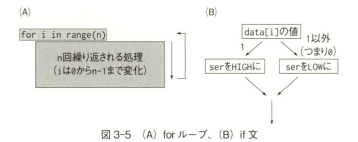

図3-5 (A) for ループ、(B) if 文

63ページの図3-2 (B) の「1, 0をH, Lに変換」という部分、および65ページの図3-3 (A) のSER信号の波形の生成に対応しています。このif文のイメージ図が図3-5 (B) です。

以下の2命令は、図3-3のSRCLK信号の生成に対応しています。

```
GPIO.output(srclk, GPIO.HIGH)
GPIO.output(srclk, GPIO.LOW)
```

forループの内部で実行されていますので、SER信号の送信後に毎回実行されます。

以下の2命令は、図3-3のRCLK信号の生成に対応しています。

```
GPIO.output(rclk, GPIO.HIGH)
GPIO.output(rclk, GPIO.LOW)
```

forループの外で実行されていますので、3個のデータの送信が終わった後に一度だけ実行されます。

3章 たくさんのLEDを点灯させてみよう

以上でプログラム3-1の解説が終わりました。

この例ではSN74HC595Nに3個のLEDを接続しました。SN74HC595Nには8個の出力がありますから、5個の出力は使用しなかったことになります。このとき、残りの5個の出力がどうなっているか知っておきましょう。図3-6は、3種類のデータ [1, 1, 0]、[1, 0, 1]、[0, 1, 1] を繰り返しSN74HC595Nへ送信したときのシフトレジスタの様子を表したものです。シフトレジスタの左側3個の様子が、ストレージレジスタを通してLEDの点灯パターンとして観察されるのでした。図に示されているように、実は残りの5つのシフトレジスタへもデータが流れて(シフトして)おり、LEDを接続すればその様子を見ることができます。

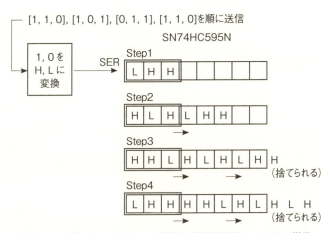

図3-6 3個がセットになった信号を複数回送信したときの様子

なお、シフトレジスタで図中の右端までたどり着いたデータは、次回シフト時に捨てられます。このデータを捨てずに2個目のSN74HC595Nへ流す方法もあるのですが、それは本章の最後に補足として紹介します。

3.3　7個のLEDで電子サイコロを作ってみよう

3.3.1　電子サイコロの実現

ここからは、7個のLEDで電子サイコロを作りましょう。7個のLEDを図3-7のように配置すると、点灯パターンによって、サイコロの1から6の目のパターンを作ることができます。これを電子サイコロと呼びます。LEDを点灯させるための原理は**3.2**と変わりませんのでまずは回路を作成してみましょう。回路の配線を示したのが図3-8です。

回路自体は67ページの図3-4とあまり変わらないのですが、LEDが増えたことで配線が複雑になっています。注意して配線しましょう。上部の「-」ラインと下部の「-」ラインをジャンパーワイヤで接続することも忘れないでください。なお、ブレッドボードの構造上、図3-7のような正方形上へ

図3-7　電子サイコロを実現するためのLEDの配置

3章 たくさんのLEDを点灯させてみよう

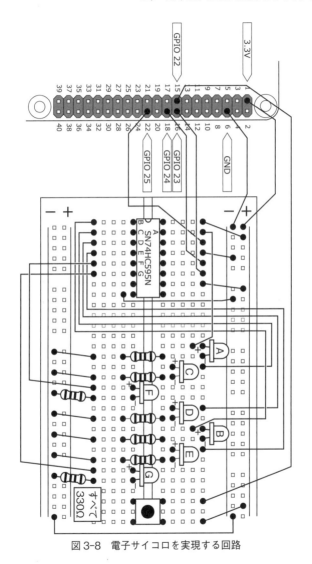

図3-8 電子サイコロを実現する回路

LEDを配置するとショートしてしまいますので、斜めに配置しました。

また、先ほどの3個のLEDを用いた演習から引き続いて演習を行っている方は、前ページの図3-8の回路の配線中にLEDが点灯した状態になると思いますが、後にプログラムを実行するとLEDの点灯は消えますので、ここでは気にせずに配線を進めて構いません。

また、**3.1.2**で述べたようにこの回路上の7個のLEDのすべてを接続しないとこの回路が動かないわけではありません。お持ちのLEDが7個より少なくても以下のプログラムはエラーなく動作しますので、まずは試してみるとよいでしょう。なお、タクトスイッチはサイコロを「振る」という動作のために後で使いますので、あらかじめ接続しておきましょう。

この図3-8の回路で重要なのは、LEDの個数を増やしても、Raspberry Piで用いるGPIOの本数が増えないことです（GPIO 22はタクトスイッチ用なのでLEDの個数を増やしたこととは関係ありません）。これは冒頭に示した制限「GPIOの本数でLEDの数が制限される」という問題の解決になっています。

3.3.2 電子サイコロのプログラム1
〜1から6の目を順番に表示

さて、この図3-8の回路に対して動かすサンプルプログラムがbb2-03-02-dice.pyです。**2.4.2**に従って起動したidleで読み込んで実行してみましょう。サイコロの1から6の目を1秒おきに順番に表示するプログラムになっていることがわかるはずです。

3章 たくさんのLEDを点灯させてみよう

このプログラムの内容は、LEDが3個のbb2-03-01-3led.py（69〜70ページ）とほぼ同じです。そこで、変更された点に絞って解説します。

```
# sendLEDdata関数の定義、GPIOの設定部は省略

31  LEDdata1 = [0,  0,
32              0,1,0,
33              0,  0]
34  LEDdata2 = [0,  1,
35              0,0,0,
36              1,  0]
37  LEDdata3 = [0,  1,
38              0,1,0,
39              1,  0]
40  LEDdata4 = [1,  1,
41              0,0,0,
42              1,  1]
43  LEDdata5 = [1,  1,
44              0,1,0,
45              1,  1]
46  LEDdata6 = [1,  1,
47              1,0,1,
48              1,  1]
49
50  try:
51      while True:
```

```
52          sendLEDdata(LEDdata1, SER, RCLK, SRCLK)
53          sleep(1)
54          sendLEDdata(LEDdata2, SER, RCLK, SRCLK)
55          sleep(1)
56          sendLEDdata(LEDdata3, SER, RCLK, SRCLK)
57          sleep(1)
58          sendLEDdata(LEDdata4, SER, RCLK, SRCLK)
59          sleep(1)
60          sendLEDdata(LEDdata5, SER, RCLK, SRCLK)
61          sleep(1)
62          sendLEDdata(LEDdata6, SER, RCLK, SRCLK)
63          sleep(1)
64
65 except KeyboardInterrupt:
66     pass
67
68 GPIO.cleanup()
```

プログラム 3-2　電子サイコロに対し、1から6の目を順番に表示する
プログラム

　まず、サイコロの目に相当するLEDdata1からLEDdata6が定義されていることがわかります。なお、データがサイコロの目に見えるよう、表記方法を工夫しています。LEDdata1は[0, 0, 0, 1, 0, 0, 0]という要素数7のリストなのですが、これではサイコロの目に見えないので、途中で空白や改行を適宜挿入して、サイコロの目のように見せています。このようにPythonでは角括弧[]の内部では自由に改行や空白を加えることができます。

3章 たくさんのLEDを点灯させてみよう

これらのデータをsendLEDdata関数に渡すことで、7つのLEDへのデータ送信が完了します。

3.3.3 電子サイコロのプログラム2
～タクトスイッチでサイコロを「振る」

次に、この電子サイコロをよりサイコロらしくしてみましょう。回路は77ページの図3-8のものから変わりません。図中のタクトスイッチを押すたびに、1から6の目のどれかがランダムに電子サイコロに表示されるようにしてみます。

そのためのサンプルプログラムはbb2-03-03-dice-switch.pyです。**2.4.2**に従い管理者権限で起動したidleで読み込んで実行すると、タクトスイッチを押すたびに電子サイコロの目がランダムに変わることがわかると思います。なお、このプログラムのようにタクトスイッチを用いるものはNOOBSのバージョンに関わらず管理者権限のidleで実行しないとエラーが起こることがあります。

このプログラムのうち、bb2-03-02-dice.pyから変更された点のみを示すと以下のようになります。

```
1  import RPi.GPIO as GPIO
2  from time import sleep
3  import random
4
5  def my_callback(channel):
6      if channel==22:
7          dice = random.randint(1,6)
8          if dice == 1:
```

```
 9              sendLEDdata(LEDdata1, SER, RCLK, SRCLK)
10         elif dice == 2:
11              sendLEDdata(LEDdata2, SER, RCLK, SRCLK)
12         elif dice == 3:
13              sendLEDdata(LEDdata3, SER, RCLK, SRCLK)
14         elif dice == 4:
15              sendLEDdata(LEDdata4, SER, RCLK, SRCLK)
16         elif dice == 5:
17              sendLEDdata(LEDdata5, SER, RCLK, SRCLK)
18         elif dice == 6:
19              sendLEDdata(LEDdata6, SER, RCLK, SRCLK)

   # sendLEDdata関数、GPIO用の変数定義の途中まで省略

42 SWITCH = 22

   # GPIOの設定部の途中まで省略

48 GPIO.setup(SWITCH, GPIO.IN, pull_up_down=GPIO.PUD_DOWN)
49 GPIO.add_event_detect(SWITCH, GPIO.RISING, callback=
   my_callback, bouncetime=200)
50
51 LEDdata0 = [0, 0,
52             0,0,0,
53             0, 0]
   # LEDdata1からLEDdata6の定義省略
```

3章 たくさんのLEDを点灯させてみよう

```
73 sendLEDdata(LEDdata0, SER, RCLK, SRCLK)
74
75 try:
76     while True:
77         sleep(1)
78
79 except KeyboardInterrupt:
80     pass
81
82 GPIO.cleanup()
```

プログラム 3-3 タクトスイッチを押すとランダムな目が出るプログラム

 まず、大きな変更点は、whileループが「1秒待つ」という動作を繰り返すだけの、実質何もしないループになっていることです。これは、このプログラムが「タクトスイッチが押されたときに処理を実行する」というものに変わったからであり、whileループで繰り返すべき内容がなくなったからです。

 そのタクトスイッチに関する設定が以下の3行です。

```
SWITCH = 22
GPIO.setup(SWITCH, GPIO.IN, pull_up_down=GPIO.PUD_DOWN)
GPIO.add_event_detect(SWITCH, GPIO.RISING, callback=my_callback, bouncetime=200)
```

 1行目はGPIO 22を設定するための変数SWITCHを定義しており、そのピンを入力に設定しているのが2行目です。タクト

スイッチを77ページの図3-8の構成で用いるためには、プルダウン抵抗と呼ばれるものをGPIO 22に設定する必要があり、それを行っているのがpull_up_down=GPIO.PUD_DOWNというオプションです。これにより、GPIO 22では通常LOW、タクトスイッチが押されている間はHIGH、という入力が読み取られるようになります。3行目は、タクトスイッチが押されたとき（入力がLOWからHIGHに切り替わったとき）、関数my_callbackを実行する、という設定を行っています。オプションのbouncetime=200は「一度スイッチの押下を検出したら、200msの間は次の検出をしない」という意味です。

以上のGPIO 22の設定から、タクトスイッチが押されると関数my_callbackが呼ばれることがわかります。my_callbackは5行目から定義されており、以下の処理が実行されます。

```
dice = random.randint(1,6)
```

この命令では、1から6の整数をランダムに生成し、変数diceに格納しています。この機能はrandomモジュールをimportすることで利用可能になっています。あとは、この1から6の数字に応じて、LEDdata1からLEDdata6のどの目を出力するのかをif文で振り分けています。

3.3.4 電子サイコロのプログラム3 〜サイコロの目が出るまでに「溜め」を作る

先ほどの例で電子サイコロはよりサイコロらしくなりましたが、タクトスイッチを押した瞬間にランダムな目が出るので、

3章 たくさんのLEDを点灯させてみよう

本物のサイコロを振ったときの「何が出るかな?」というワクワク感がありません。そこで、サイコロの目が確定するまでの「溜め」を作ってみましょう。ここではシンプルに「1から6の目を0.1秒おきに順番に表示し、最後にランダムな目を表示する」ようにしてみましょう。回路は77ページの図3-8のものから変わりません。

そのサンプルプログラムがbb2-03-04-dice-switch-delay.pyです。**2.4.2**に従い管理者権限で起動したidleで読み込んで実行してみましょう。先ほどと同様、このプログラムはNOOBSのバージョンに関わらず管理者権限のidleで実行しないとエラーが起こることがあります。

変更点は、タクトスイッチを押されたときに実行される関数my_callbackのみで以下のようになります。

```python
# import文の冒頭省略
import threading

def my_callback(channel):
    if channel==22:
        t = threading.Thread(target=randomizeDice)
        t.start()

def randomizeDice():
    delay = 0.1
    sendLEDdata(LEDdata1, SER, RCLK, SRCLK)
    sleep(delay)
```

```python
15      sendLEDdata(LEDdata2, SER, RCLK, SRCLK)
16      sleep(delay)
17      sendLEDdata(LEDdata3, SER, RCLK, SRCLK)
18      sleep(delay)
19      sendLEDdata(LEDdata4, SER, RCLK, SRCLK)
20      sleep(delay)
21      sendLEDdata(LEDdata5, SER, RCLK, SRCLK)
22      sleep(delay)
23      sendLEDdata(LEDdata6, SER, RCLK, SRCLK)
24      sleep(delay)
25
26      dice = random.randint(1,6)
27      if dice == 1:
28          sendLEDdata(LEDdata1, SER, RCLK, SRCLK)
29      elif dice == 2:
30          sendLEDdata(LEDdata2, SER, RCLK, SRCLK)
31      elif dice == 3:
32          sendLEDdata(LEDdata3, SER, RCLK, SRCLK)
33      elif dice == 4:
34          sendLEDdata(LEDdata4, SER, RCLK, SRCLK)
35      elif dice == 5:
36          sendLEDdata(LEDdata5, SER, RCLK, SRCLK)
37      elif dice == 6:
38          sendLEDdata(LEDdata6, SER, RCLK, SRCLK)
39
    # sendLEDdata関数以下省略
```

プログラム 3-4 ランダムな目を出す前に「溜め」を作るプログラム

タクトスイッチを押されたときに実行される内容が関数randomizeDiceにまとめられています。その中身である「1から6の目を0.1秒おきに順番に表示し、最後にランダムな目を表示する」という内容自体はこれまで用いてきた命令のみで構成されています。

この内容を関数my_callbackに直接書くことができればよいのですが、関数my_callbackは「スイッチが押されたときに呼ばれる」関数であり、0.6秒という長い時間がかかる処理を実行できるようにはできていません。実際に関数my_callbackに処理を書いてしまうと、きれいに「溜め」の処理が実行されません。そこで、スレッドと呼ばれる仕組みを用い、「溜め」の処理が始まったらすぐに関数my_callbackが終了するようにしています。

3.4 さらに多くのLEDを接続するには？

以上、シフトレジスタSN74HC595Nを用いてLEDをたくさん接続する方法を紹介しました。しかし、SN74HC595N 1つではLED 8個までしか接続できず、「たくさん」と言うにはやや寂しい個数です。そこで、本章の最後にSN74HC595Nを複数用い、接続できるLEDの個数をさらに増やす方法を補足として紹介します。

まず、2個目のSN74HC595Nの接続法を示したのが次ページの図3-9です。2つのシフトレジスタの配線はほぼ同じなのですが、「1つ目のQ_H端子を2つ目のSER端子に接続する」点が異なります（図3-9 (B)）。これにより、**3.2.4**の末尾で紹介したように、1つ目のシフトレジスタであふれたデータが

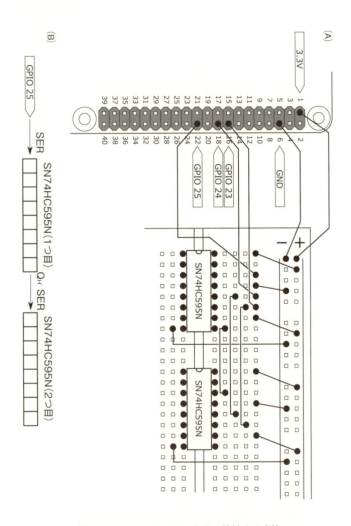

図 3-9　SN74HC595N を 2 つ接続する方法

3章　たくさんのLEDを点灯させてみよう

2つ目のシフトレジスタに流れていくようになります。3個以上のSN74HC595Nを接続する場合も同様です。

最後に、LEDの電源の話です。この章で取り上げた回路ではLEDの電源をRaspberry Piの3.3Vピンからとりました。2章で紹介したように、Raspberry Pi Model B+以降の3.3Vピンは100mA以上の電流を流すことができますので、多くの場合はそれで問題ないのですが、より多くの電流を必要とする場合は、図3-10のように3.3Vピンへの接続を外した上でLEDの電源を別に取りつけることもできます。この電源は4.5V以下としてください。そうしないと、GPIO 23 ～ GPIO 25から出力される3.3Vの信号を「HIGH」と認識できないためです。

なお、SN74HC595Nの1つの端子に流すことのできる電流は6mAであることはこれまでと変わりません。

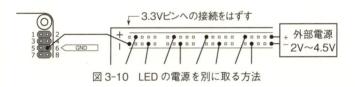

図 3-10　LED の電源を別に取る方法

4章 インターネット上の天気予報データを利用しよう

4.1 本章で必要なもの

本章では、インターネットで提供されている天気予報サービスのデータをダウンロードして小型液晶（LCD）に表示する、天気予報機能付きの温度計を作成します。Raspberry Piはコンピュータのカテゴリに属しますから、インターネットに接続してデータのやりとりをすることを得意としています。その機能を活用してみようというわけです。

本章で必要になる物品は表4-1の通りです。

表4-1 本章で必要な物品

物品	備考
Raspberry Piと電子工作用物品	必須。2章でLチカの動作確認をしたもの。ただし、抵抗とLEDは用いない
LCDモジュール。8文字×2列表示できるLCD（AQM0802）をブレッドボードで用いるためのもの	必須。入手には下記の3つの選択肢があるが、可能な限り完成品の入手を推奨
	完成品。秋月電子通商での通販コードはM-09109
	はんだ付けが必要なキット。秋月電子通商での通販コードはK-06795
	上記のキットのばら売り。秋月電子通商での通販コードP-06669、P-06794、C-04393の3つを購入

4章 インターネット上の天気予報データを利用しよう

物品	備考
ADT7410使用温度センサモジュール	オプション。はんだ付けによる組み立てが必要。温度表示機能のために用いる。これがなくても動くようにプログラムを記述するのでお好みで。秋月電子通商での通販コードはM-06675
タクトスイッチ	必須。秋月電子通商の通販コードP-03647など
はんだごて	オプション。上記のモジュールを作成する場合に必要
はんだ	オプション。上記のモジュールを作成する場合に必要
ニッパ	オプション。LCDモジュールの作成が必要な際、ピンヘッダと長いピンを切断するために用いる

4.1.1 用いる物品に関する補足

本章で作成する天気予報機能付きの温度計には、表4-1のLCDモジュールとADT7410使用温度センサモジュールを用います。LCDモジュールの完成状態は図4-1（A）です。入手できる限りこちらの完成品をお勧めします。完成品が入手できない場合、図4-1（B）のように部品を組み合わせてはんだ付けすることになります。その際、ピン7つのピンヘッダをニッパでピン5つにカットしてからはんだ付けすることになります。

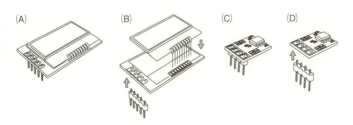

図4-1 本章で用いるLCDと温度センサ

また、ADT7410使用温度センサモジュールの完成状態は前ページの図4-1（C）です。この温度センサモジュールは組み立てキットになっていますので、図4-1（D）のように組み立てた後、はんだ付けが必要です。なお、この温度センサモジュールはオプション扱いなので、なくても本章のプログラムはエラーなく動作するように記述しています。

　LCDモジュールと温度センサモジュールのはんだ付けの際のコツを以下に簡単にまとめます。

●はんだ付けのコツ

　一般的なはんだ付けの手順を図4-2にまとめました。ピンを基板の穴に通した時、穴の周囲にはランドと呼ばれる金属部がありますので、このランドとピンをはんだにより導通させます。重要なことは、図4-2（A）のように、はんだごてでピンとランドに触れ、両方を熱することです。このうち片方のみしか熱しないと、はんだ付けはうまくいきません。3〜4秒間熱したら、図4-2（B）のようにはんだごてのこて先にむかってはんだを押しこんでいきます。はんだを押しこむ速さにも依存しますが、目安としては2秒程度押し込めばよいでしょう。そして、図4-2（C）のようにまずははんだのみを離し、はんだごては基板とランドに触れたまま2秒程度待ちます。そして最後にはんだごてを離して完成です。はんだ付けにおいてこの図4-2（A）〜（C）の過程はどれも重要ですので、意識して行いましょう。はんだ付けが成功すると、図4-2（D）のようにランド上ではんだが山のような形を成します。はんだが山状ではなく球のようになった状態はいもはんだと呼ばれ、接触不良の原因となります。いもはんだを避けるためには、図4-2（A）の

4章 インターネット上の天気予報データを利用しよう

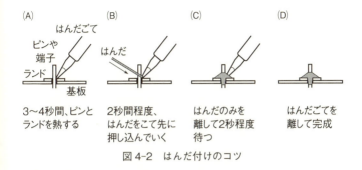

図4-2 はんだ付けのコツ

ようにランドとピンの両方を十分に熱すること、図4-2（C）のようにはんだを離した後2秒程度はんだごてを離さないことが重要です。

さらに、LCDを基板にとりつける際は注意が必要です。LCDのピンの間隔（ピッチ）は通常のブレッドボードのピッチ2.54mmよりも狭く、たくさんはんだを流してしまうと、隣り合うピンが接触してしまいます。それを避けるためには図4-2（B）で、はんだを押し込む時間を半分である1秒程度にするとよいでしょう。また、LCDのピンは長いので、ブレッドボードにぶつからない程度の長さにカットする必要があります。

4.1.2 I²Cとは

本章で用いるLCDモジュールと温度センサモジュールはどちらもI²C（アイ・スクウェア・シー、アイ・ツー・シー）と呼ばれる通信規格でRaspberry Piとデータのやりとりを行います。

I²C接続の一般的な模式図を示したのが次ページの図4-3で

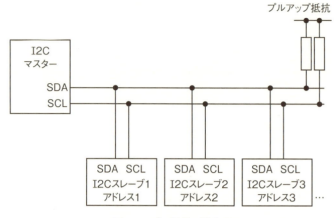

図 4-3　I²C 接続の模式図

す。マスターと呼ばれるデバイスが本書ではRaspberry Piに相当し、スレーブと呼ばれるデバイスと接続されます。スレーブデバイスにはアドレスという概念があり、異なるアドレスを持つデバイスを複数接続することができます。本章ではスレーブデバイスとしてLCDモジュールと温度センサモジュールを用います。マスターとスレーブはシリアルデータ（SDA）とシリアルクロック（SCL）の2線で接続されます。なお、一般的なI²C接続では図4-3のようにSDAとSCLにプルアップ抵抗と呼ばれる抵抗が必要ですが、Raspberry Piにはこのプルアップ抵抗が内蔵されていますのでさらに接続する必要はありません。

4.1.3 Raspberry PiでI²C通信を行うための準備

それではRaspberry Piを起動して、I²C通信を行うために必

要なパッケージのインストールを行いましょう。ネットワーク上にあるパッケージをインストールすることになりますので、**1.7**を参考にあらかじめRaspberry Piをネットワークに接続しておいてください。

●設定アプリケーションによるI^{2}Cの有効化

まず、Raspbianのインストール時にも用いた設定アプリケーションを用いて、I^{2}Cを有効にします。その方法はお使いのNOOBSのバージョンにより異なります。

NOOBS 1.4.2以降に含まれるRaspbianをお使いの方は、メニューから「設定」→「Raspberry Pi Configuration」を選んで起動した設定アプリケーションで「Interfaces」タブを選択し、「I2C」の項目を「Enable」にしてください。「OK」ボタンで設定アプリケーションを終了すると再起動(reboot)を英語で促されますので、再起動します。

NOOBS 1.4.1またはそれ以前のバージョンをお使いの方は、ターミナルLXTerminalを起動しコマンド

```
sudo raspi-config
```

を実行して設定画面を開いてください。そして**付録G**で解説したキー操作により、下記の操作を順に行ってください。

- 「8 Advanced Options」を選択
- 「A7 I2C」を選択
- 「Would you like the ARM I2C interface to be enabled?」に「はい」を選択

- 確認画面で「了解」する
- 「Would you like the I2C kernel module to be loaded by default?」に「はい」を選択
- 確認画面で「了解」する

以上でraspi-configを終了すると再起動（reboot）を促されますので、そのまま再起動します。

● I²C用モジュールの読みこみ

次に、ターミナルLXTerminalを起動して下記のコマンドを実行し、Raspberry Pi上にある設定ファイル/etc/modulesを管理者権限で変更します。このとき、ターミナルにいくつか警告が表示されることがありますが、気にしなくても構いません。

```
sudo leafpad /etc/modules
```

このファイルの末尾に

```
i2c-dev
```

という行を追記して保存し、leafpadを閉じてください。NOOBSのバージョンによってはこの行がすでに書き込まれている場合もあるでしょう。その場合は何もせずleafpadを閉じて構いません。これにより、I²C用モジュールがRaspberry Piの起動時に読みこまれるようになります。再びRaspberry Piを再起動しましょう。

●必要なパッケージをネットワークからインストール

最後に、必要なパッケージをネットワークからインストールします。ターミナルLXTerminal上で下記のコマンドを実行し、インストールできるパッケージのリストを取得します。ネットワーク環境によっては終了まで数分かかるかもしれません。

```
sudo apt-get update
```

終了したら、下記のコマンドを実行します。I²C通信用のツール群と、それをPythonから用いるためのモジュールがインストールされます。

```
sudo apt-get install i2c-tools python-smbus
```

この際、「続行しますか？」や「検証なしにこれらのパッケージをインストールしますか？」と聞かれることがありますので、その場合はそれぞれキーボードの[y]をタイプした後[Enter]キーを押して続行してください。このコマンドが終了したら、必要な設定はすべて終了です。

4.2 インターネット上の天気予報情報について

4.2.1 お天気Webサービスの確認

天気予報機能付きの温度計の実現にあたり、以下の順で学んでいきましょう。

- インターネットからの天気予報データの取得
- LCDへの文字の表示
- LCDへの天気予報および温度の表示

まずは、天気予報データの取得についてです。本書では、Livedoorが提供している「Weather Hacks（気象データ配信サービス）」内の「お天気Webサービス（Livedoor Weather Web Service / LWWS）」を活用します。下記のURLにブラウザでアクセスすると、図4-4のようなページが現れ詳細を知ることができます。全国142ヵ所の3日間の天気予報・予想気温と都道府県の天気概況情報が提供されています（降水確率は提供されていません）。

http://weather.livedoor.com/weather_hacks/webservice

以後、本章でインターネット上のウェブページを閲覧する際は、Raspberry Pi上のepiphanyブラウザを用いることを推奨します。epiphanyブラウザなら、後に確認する「地点定義表」

図4-4　お天気Webサービスサイト

やJSONと呼ばれる形式の天気予報データを問題なく閲覧できるからです。もし、皆さんが普段使用しているWindowsやMac OS XなどのPCで確認したい場合、Google Chromeと呼ばれるブラウザを用いてください。Internet Explorer、Firefox、Safariなどでは以下での確認が期待通りに行えません。

まずは、天気予報を知りたい地域のIDを知る必要があります。図4-4のページの「全国の地点定義表（RSS）」というリンク、すなわち

http://weather.livedoor.com/forecast/rss/primary_area.xml

をepiphanyブラウザで開くことで知ることができます。以下、本書では東京の天気予報をLCDに表示することを目指していきます。もちろん皆さんがお住まいの地域の天気予報を表示することも可能ですが、まずは本書に従い東京の天気予報で動作を確認し、操作に慣れてから地域を変更することを推奨します。

さて、上記の「全国の地点定義表（RSS）」ページを探すと次ページの図4-5のように下記の行が見つかりますので、東京のIDは130010であることがわかります。

```
<city title="東京" id="130010" source="http://weather.livedoor.com/forecast/rss/area/130010.xml"/>
```

このID130010を用いて、東京の天気予報は次のURLで取得できます。

図 4-5 全国の地点定義表（RSS）

http://weather.livedoor.com/forecast/webservice/json/v1?city=130010

JSON（ジェイソン、JavaScript Object Notation）という形式で天気予報が表示されるのですが、図4-6のように日本語が適切に表示されないため、何が表示されているのか意味がわかりません。そこで、以下ではPythonを用いてこの天気予報情報を日本語で読める状態にしてみましょう。

図 4-6 JSON の形式で天気予報が表示される

4.2.2 Pythonによるお天気Webサービスへのアクセス

まずは準備として、Pythonでインターネットへのアクセスを容易にするライブラリRequestsをインストールしましょう。Requestsはデータ形式JSONの取り扱いも可能です。ターミナルを起動し、下記のコマンドを順に実行しましょう。Requestsのインストールを容易にするパッケージpython-pip（pip）をインストールし、次にpipを用いてRequestsをインストールしています。NOOBSのバージョンによっては、どちらも最新版がインストール済みだというメッセージが現れますが、その場合はそのまま先に進んで構いません。

```
sudo apt-get update
sudo apt-get install python-pip
sudo pip install requests
```

インストールが完了したら、サンプルプログラムbb2-04-01-weather.pyを **2.4.2** に従って起動したidleで読み込み、実行してみましょう。NOOBS 1.4.1またはそれ以前のバージョンを用いている方でも、実はこのプログラムは管理者権限が不要なのですが、本章のプログラムは管理者権限が不要なものと必要なものが混在していますので、すべて管理者権限つきで実行すると混乱をさけられるでしょう。NOOBS 1.4.2以降をお使いの方は、本章で実行するプログラムには管理者権限が不要なものと必要なものとが混在していますので、その都度指示に従ってください。

結果がPython Shellに表示されます。かなり長い結果です

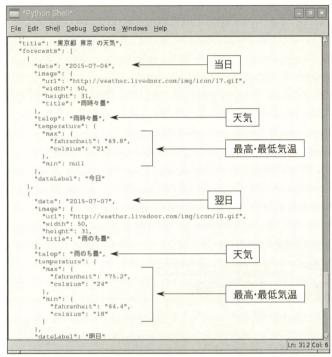

図4-7　Python Shell に天気予報データを表示した様子

ので、スクロールバーを動かして結果を眺めてみてください。予報は末尾近くにある、"forecasts" で始まる箇所です（図4-7）。当日、翌日、翌々日の3日分の予報が提供されており、天気、最高気温、最低気温を見ることができます。なお、最高気温と最低気温はデータを取得した時刻により、提供されている場合と提供されていない場合があります。

このプログラムの内容を簡単に解説しておきましょう。

4章 インターネット上の天気予報データを利用しよう

```python
# -*- coding: utf-8 -*-
import requests
import json

try:
    unicode # python2
    def uenc(str): return str.encode('utf-8')
    pass
except: # python3
    def uenc(str): return str
    pass

location = 130010  # 東京
proxies = None

# proxy環境下の方は下記を記述して有効に
#proxies = {
#         'http': 'プロキシサーバ名:ポート番号',
#         'https': 'プロキシサーバ名:ポート番号'
#}

weather_json = requests.get(
    'http://weather.livedoor.com/forecast/webservice/json/v1?city={0}'.format(location), proxies=proxies, timeout=5
).json()

print(uenc(json.dumps(weather_json, indent=2, ensure_
```

```
ascii=False)))
```

プログラム 4-1　JSON形式での天気予報データの取得と表示

　このプログラムは日本語の取り扱いを含み、それをPythonのバージョン2とバージョン3の両方で実行できるようにするために長くなっていますが、本質的に重要なのは「データ取得」と「表示」に相当する2命令です。

　まず、以下の命令では、データを取得しweather_jsonという変数に格納しています。

```
weather_json = requests.get(
    'http://weather.livedoor.com/forecast/webservice/json
/v1?city={0}'.format(location), proxies=proxies, timeout=5
).json()
```

　都市のIDはlocationという変数に格納されており、「location = 130010」という行で設定しています。ここを100ページの図4-5で調べたIDに書き換えれば別の都市での天気予報を入手できます。location変数を設定している行は、天気予報を取得する以後のプログラムすべてに存在しますので、必要に応じて書き換えてください。また、「timeout=5」というオプションは、ネットワークアクセスのタイムアウト時間を設定しています。5秒間データが取得できなかったら、エラーとなるようにする設定です。

　そして、次の行が実際にJSON形式のデータを表示している行です。

```
print(uenc(json.dumps(weather_json, indent=2, ensure_
ascii=False)))
```

3行目でimportしたjsonライブラリのdumps関数でデータweather_jsonを字下げ（indent）レベル2で出力しています。uencというのは5行目から定義されている、日本語をutf-8でエンコードするための関数です。Pythonバージョン2とPythonバージョン3の両方で動作するよう、それぞれのバージョンで定義を変えています。

4.2.3 取得したデータから予報データを切り出してみよう

102ページの図4-7で見たように、お天気Webサービスから取得したデータはそのままではとても長いものです。我々が用いるLCDは8文字×2行の16文字しか表示できませんので、この長いデータを短くする必要があります。LCDを使う前に必要なデータのみを切り出してみましょう。そのためのサンプルファイルがbb2-04-02-forcast.pyです。**2.4.2**に従って起動したidleで開いて実行してみましょう。先ほどのプログラムと同様、NOOBS 1.4.1またはそれ以前のバージョンを用いている方でも、実はこのプログラムは管理者権限が不要なのですが、管理者権限をつけても問題なく動作します。

なお、先ほどのプログラム4-1と今回のプログラムは「起動したら結果を表示してそのまま終了するプログラム」ですので、2章や3章のプログラムとは異なり「Ctrl-cによるプログラムの終了」は必要ありません。そのため、プログラム4-1の実行後、そのまま今回のプログラムを実行して構いません。

実行後の様子が次ページの図4-8です。3日間分の天気、最

図4-8 天気予報データから、天気予報と最低・最高気温を抜き出して表示した様子

低気温、最高気温の予報のみを切り出して表示しています。最低気温と最高気温は提供されているものだけ数字で表示し、提供されていないものは「--」で表示しています。

このプログラムのデータ取得部はプログラム4-1と同じであり、結果表示部だけが異なりますので、変更点のみを以下に記します。

```python
# ここまで省略

for forecast in weather_json['forecasts']:

    if forecast['temperature']['min'] != None:
        min = forecast['temperature']['min']['celsius']
    else:
        min = '--'

    if forecast['temperature']['max'] != None:
        max = forecast['temperature']['max']['celsius']
    else:
```

```
35          max = '--'
36
37      s = forecast['dateLabel'] + ', ' + forecast['telop'] + ', ' + min + '/' + max
38      print(uenc(s))
```

プログラム4-2 天気予報部分のみを抜き出すプログラム

以下の行から始まるforブロックは、102ページの図4-7において「forecasts」から始まる部分を調べるためのもので、結果的に「今日」、「明日」、「明後日」のデータを順番に調べていくことになります。

```
for forecast in weather_json['forecasts']:
```

このforブロックの内部では、最低気温、最高気温、対象日、天気予報はそれぞれ下記でアクセスできます。

```
forecast['temperature']['min']['celsius']
forecast['temperature']['max']['celsius']
forecast['dateLabel']
forecast['telop']
```

ただし、すでに述べたように最低気温と最高気温はデータを取得した時刻によっては提供されていませんので、まずその存在をチェックし、提供されていたら摂氏（celsius）のデータを、提供されていなかったら「--」という文字列をminおよびmaxという変数に格納して用いるようにしています。

最後にそれらのデータを結合したものをsという変数に格納してから表示します。文字列の結合は記号「+」で行っています。

これで、得られた天気予報データをある程度整理できました。3日分のデータがありますが、LCDには当日と翌日のデータを表示するようにしてみましょう。

4.3 LCDへの文字の表示

それでは、ここからRaspberry PiとI²C接続するLCDを取り扱います。いきなり天気予報データを表示するのではなく、まずは文字を表示することに慣れてみましょう。使用する回路は図4-9です。この回路は本章の残りすべてのプログラムで共通です。タクトスイッチは天気予報の「モード」を切り替えるために次節で用いますのであらかじめ取りつけておきましょ

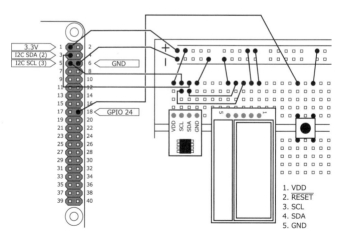

図4-9 温度センサとLCDを用いる回路をブレッドボード上に構成

4章　インターネット上の天気予報データを利用しよう

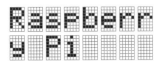

図4-10　LCDへの文字の表示

う。**4.1.1**で紹介したように、温度センサは取り付けなくてもエラーが出ないプログラムとなっていますので、お好みで取り付けてください。

さて、このLCDに「Raspberry Pi」と表示するサンプルプログラムがbb2-04-03-lcd-practice.pyです。いつも通り**2.4.2**に従って起動したidleで開いて実行すると、LCDに図4-10のように「Raspberry Pi」と表示されます。

そのプログラムの中身を見てみましょう。

```
1  # -*- coding: utf-8 -*-
2  import smbus
3  import sys
4  from time import sleep
5
6  def setup_aqm0802a():
7      trials = 5
8      for i in range(trials):
9          try:
10             bus.write_i2c_block_data(address_aqm0802a, register_setting, [0x38, 0x39, 0x14, 0x70, 0x56, 0x6c])
11             sleep(0.2)
```

109

```
12              bus.write_i2c_block_data(address_aqm0802a, register_setting, [0x38, 0x0d, 0x01])
13              sleep(0.001)
14              break
15          except IOError:
16              if i==trials-1:
17                  sys.exit()
18
19  def clear():
20      global position
21      global line
22      position = 0
23      line = 0
24      bus.write_byte_data(address_aqm0802a, register_setting, 0x01)
25      sleep(0.001)
26
27  def newline():
28      global position
29      global line
30      if line == display_lines-1:
31          clear()
32      else:
33          line += 1
34          position = chars_per_line*line
35          bus.write_byte_data(address_aqm0802a, register_setting, 0xc0)
```

```python
36          sleep(0.001)
37
38  def write_string(s):
39      for c in list(s):
40          write_char(ord(c))
41
42  def write_char(c):
43      global position
44      byte_data = check_writable(c)
45      if position == display_chars:
46          clear()
47      elif position == chars_per_line*(line+1):
48          newline()
49      bus.write_byte_data(address_aqm0802a, register_display, byte_data)
50      position += 1
51
52  def check_writable(c):
53      if c >= 0x06 and c <= 0xff :
54          return c
55      else:
56          return 0x20 # 空白文字
57
58  bus = smbus.SMBus(1)
59  address_aqm0802a = 0x3e
60  register_setting = 0x00
61  register_display = 0x40
```

```
62
63 chars_per_line = 8
64 display_lines = 2
65 display_chars = chars_per_line*display_lines
66
67 position = 0
68 line = 0
69
70 setup_aqm0802a()
71
72 if len(sys.argv)==1:
73     # アルファベットと記号は「''」でくくってそのまま表示可能
74     write_string('Raspberry Pi')
75
76     # カタカナや特殊記号は文字コードを位置文字ずつ入力
77     # 以下は「ラズベリー パイ」と表示する例
78     #s = chr(0xd7)+chr(0xbd)+chr(0xde)+chr(0xcd)+chr(0xde)+chr(0xd8)+chr(0xb0)+' '+chr(0xca)+chr(0xdf)+chr(0xb2)
79     #write_string(s)
80
81 else:
82     write_string(sys.argv[1])
```

プログラム4-3：LCDに「Raspberry Pi」と表示するプログラム

このプログラムは前著『Raspberry Piで学ぶ電子工作』でも用いたものを少し変更したものです。前著ではアルファベッ

4章 インターネット上の天気予報データを利用しよう

ト、数字、記号のみを表示しましたが、今回はカタカナや特殊記号などの表示も可能なようにしています。

●プログラムで定義されている関数

まず、定義されている関数の名称と役割をまとめておきましょう。

- setup_aqm0802a()

液晶を初期化するための関数です。初期化に必要な命令をI^2C接続でLCDデバイスに書き込んでいます。

- clear()

液晶に書かれている文字を消去し、カーソルを先頭に戻す関数です。

- newline()

改行する関数です。カーソルを次の行の先頭に移動します。

- write_string(s)

液晶に、複数の文字からなる文字列sを表示する関数です。内部でwrite_char関数が呼び出されます。

- write_char(c)

液晶に1文字表示します。改行が必要ならばnewline関数を呼び出し、文字数があふれる場合はclear関数を呼び出します。さらに、液晶で表示できない文字が指定された場合は空白を表示します。内部でcheck_writable関数が呼び出されます。

- check_writable(c)

文字cが液晶で表示できる文字かどうかをチェックし、表示できない文字ならば空白に置き換えます。

●文字列を表示する方法を知ろう

プログラム4-3中に定義されている関数を紹介しましたが、実際にLCDに文字列を表示する関数はwrite_stringです。この関数の使い方を覚えるとLCDに表示する文字列を変更できますので試してみましょう。

プログラム4-3は103～104ページのプログラム4-1や106～107ページのプログラム4-2と同じく、whileループがなく命令を実行すると自動的に終了するプログラムです。実際に実行されるのは下記の命令です。

```
write_string('Raspberry Pi')
```

ここでは定義済みの関数write_stringに「Raspberry Pi」という文字列を一重引用符「'」で囲って渡しており、これがLCDに表示されたわけです。

このLCDで表示できる文字を表にまとめたのが図4-11です。それぞれの文字には、文字コードという数値が割り当てられています。たとえば、「Raspberry Pi」の「R」であったら、表から52と読み取れます。ただし、この「52」は我々が普段使っている10進数ではなくて16進数で表された数値です。それを明示的に表すため、先頭に「0x」という記号を追加して0x52と書きます。また、16進数では0～9の数字だけではなく、a～fのアルファベットも数値を表すための記号として用います。たとえば「k」という文字の文字コードを読み取ると0x6bになります。

なお、図4-11の文字コード表のうち、0x20の空白文字から0x7dの「}」までの範囲には、一般的な記号、数値、アルファ

4章 インターネット上の天気予報データを利用しよう

図4-11 LCDに表示できる文字のコード表

ベットなどがあります。これら文字の文字コードはコンピュータ上で使われるASCII（アスキー）コードと呼ばれる文字コードと共通です。そのため、この範囲の文字は文字コードを使わずに一重引用符「'」で囲った文字そのものを関数write_stringに渡すことでLCDに文字を表示できます。「write_string('Raspberry Pi')」はまさにそのような使い方です。

●カタカナなどを表示する方法を知ろう

一方、0x20から0x7dの範囲から外れる文字は別の方法でLCDに表示しなければなりません。この範囲にはカタカナな

どがあります。

bb2-04-03-lcd-practice.pyの末尾付近に、「#」によるコメントアウトで無効にされた下記の2行があります。

```
#s = chr(0xd7)+chr(0xbd)+chr(0xde)+chr(0xcd)+chr(0xde)
+chr(0xd8)+chr(0xb0)+' '+chr(0xca)+chr(0xdf)+chr(0xb2)
#write_string(s)
```

この2行はLCDに「ラズベリー パイ」というカタカナを表示するためのものなのですが、これを有効にするために下記の変更を行ってみましょう。

- write_string('Raspberry Pi')の先頭に「#」を記述して無効にする
- その後、上記2行の先頭の「#」を削除して有効にする

その後、bb2-04-03-lcd-practice.pyを上書き保存(「File」→「Save」)してから実行すると、LCDには図4-12のようにカタカナが表示されます。上記の2行はカタカナ一文字一文字の文字コードをchr関数に渡し、それを「+」演算子で結合しています。ただし、空白文字だけはASCIIコードの範囲内なので一重引用符「'」で囲って表現しています。いったん変数

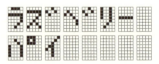

図4-12 LCDへの文字（カタカナ）の表示

sに格納してから、関数write_stringに渡していることにも注意しましょう。

これで、115ページの図4-11に記されている文字を表示する方法がわかりました。いろいろと表示してみましょう。

なお、このプログラム末尾には「write_string(sys.argv[1])」という命令があります。この命令は、コマンドライン引数と呼ばれるものが渡されたときにif文により実行されるものです。8章でRaspberry PiのIPアドレスをLCDに表示する際などに利用できるのですが、本章では用いませんので、解説は省略します。

4.4 LCDへの天気予報の表示

それでは、**4.2**で取得した天気予報および現在の温度をLCDに表示してみましょう。まず、目指す動作を次ページの図4-13にまとめました。これは、106ページの図4-8のように

- 今日：雨時々曇、--/21
- 明日：雨のち曇、18/24

という予報が得られたときにLCDに表示する内容です。LCD一画面にすべての情報を表示するのは難しいため、複数のモードを用意し、回路上のタクトスイッチによりモードを切り替えるという動作です。まずは図4-13（A）の4モード版を見てみましょう。モード0からモード3の4モードがあり、モード0と1が今日の天気予報、モード2と3が明日の天気予報です。すべてのモードで、右上に現在の気温を表示しています。な

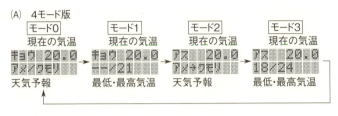

図4-13 LCDに天気予報と現在の気温を表示した様子

お、温度センサを取り付けなかった場合、気温の表示は空白となります。また、天気予報において、「時々」は「／」で、「のち」は「→」で表されていることにも注意してください。

この4モード版では、一度タクトスイッチを押してから、元のモードに戻るために計4回タクトスイッチを押す必要があります。しかし、家電などで経験がある方もいると思いますが、元のモードに戻るために何度もスイッチを押さねばならないのはわずらわしいものです。そこで、モードを1つ減らした3モード版も用意してみました。翌日の天気予報を表示する際の気温表示を削除し、モード2とモード3を一画面にまとめたものです。

4モード版のサンプルプログラムがbb2-04-04-lcd-4modes.py、3モード版のサンプルプログラムがbb2-04-05-lcd-3modes.pyです。**2.4.2**に従い管理者権限で起動したidleで読み込んで実行すると、図4-13の動作が実現されま

4章 インターネット上の天気予報データを利用しよう

す。4モード版と3モード版、お好みの方を用いてください。なお、タクトスイッチを用いますので、NOOBSのバージョンに関わらず管理者権限が必要です。

この2つはほとんど同じですので、以下4モード版であるbb2-04-04-lcd-4modes.pyの解説を行いましょう。このプログラムのうち、すでに紹介したLCD表示用の関数や変数定義などを省略したのが以下のプログラム4-4です。

なお、ここからのプログラムの解説はやや長く、プログラミングを始めて日が浅いという方には少しハードルが高いかもしれません。回路を動作させる体験を優先したいという方は、解説を飛ばして5章に進んでいただいても構いません。

```python
1  # -*- coding: utf-8 -*-
2  import RPi.GPIO as GPIO
3  import smbus
4  import sys
5  from time import sleep
6  import requests
7
   # LCDの表示用関数省略

60 def read_adt7410():
61     word_data = bus.read_word_data(address_adt7410, register_adt7410)
62     data = (word_data & 0xff00)>>8 | (word_data & 0xff)<<8
63     data = data>>3 # 13ビットデータ
64     if data & 0x1000 == 0:  # 温度が正または0の場合
```

```python
            temperature = data*0.0625
    else: # 温度が負の場合、絶対値を取ってからマイナスをかける
        temperature = ( (~data&0x1fff) + 1)*-0.0625
    return temperature

def my_callback(channel):
    if channel==24:
        global mode
        mode = (mode+1)%4
        try:
            displayWeather()
        except IOError:
            pass

try:
    unicode # python2
    def u(str): return str.decode('utf-8')
    pass
except: # python3
    def u(str): return str
    pass

# 最低気温と最高気温を「/」区切りの文字列に
def getLCDMinMax(temp):
    if temp['min'] != None:
        min = '{0}'.format(temp['min']['celsius'])
    else:
```

```
92            min = '--'
93
94        if temp['max'] != None:
95            max ='{0}'.format(temp['max']['celsius'])
96        else:
97            max = '--'
98        return min + '/' + max
99
100 # 天気をカタカナの文字列に
101 def getLCDWeather(weather):
102     if weather.find(u('のち')) != -1:
103         datas = weather.split(u('のち'))
104         return replaceWeather(datas[0])+chr(0x07)+replaceWeather(datas[1]) # →
105     elif weather.find(u('時々')) != -1:
106         datas = weather.split(u('時々'))
107         return replaceWeather(datas[0])+'/'+replaceWeather(datas[1])
108     else:
109         return replaceWeather(weather)
110
111 # 各天気をカタカナに
112 def replaceWeather(weather):
113     if weather.find(u('晴')) != -1:
114         return chr(0xca)+chr(0xda) # ハレ
115     elif weather.find(u('曇')) != -1:
116         return chr(0xb8)+chr(0xd3)+chr(0xd8) # クモリ
```

```python
117      elif weather.find(u('雨')) != -1:
118          return chr(0xb1)+chr(0xd2) # アメ
119      elif weather.find(u('雪')) != -1:
120          return chr(0xd5)+chr(0xb7) # ユキ
121      else:
122          return '--'
123
124  # Webサービスより天気予報を取得
125  def getWeather():
126      global minmax, weather, minmax2, weather2
127      location = 130010  # 東京
128      proxies = None
129      # proxy環境下の方は下記を記述して有効に
130      #proxies = {
131      #    'http': 'プロキシサーバ名:ポート番号',
132      #    'https': 'プロキシサーバ名:ポート番号'
133      #}
134      try:
135          weather_json = requests.get(
136              'http://weather.livedoor.com/forecast/webservice/json/v1?city={0}'.format(location), proxies=proxies, timeout=5
137          ).json()
138          print('インターネットから天気予報データを入手しました')
139      except requests.exceptions.RequestException:
140          print('ネットワークエラー')
141          if second==0:
```

4章 インターネット上の天気予報データを利用しよう

```
142                sys.exit()
143        for forecast in weather_json['forecasts']:
144            if forecast['dateLabel'] == u('今日'):
145                minmax = getLCDMinMax(forecast['temperature'])
146                weather = getLCDWeather(forecast['telop'])
147            if forecast['dateLabel'] == u('明日'):
148                minmax2 = getLCDMinMax(forecast['temperature'])
149                weather2 = getLCDWeather(forecast['telop'])
150
151    # 天気情報をLCDに表示
152    def displayWeather():
153        clear()
154        if temperature != 999:
155            s = '{0:.1f}'.format(temperature) # 小数点以下1桁
156        else:
157            s = ''
158        if mode==0:
159            day = chr(0xb7)+chr(0xae)+chr(0xb3) # キョウ
160            for i in range(chars_per_line-len(day)-len(s)):
161                s = ' '+s
162            write_string(day+s+weather)
163        elif mode==1:
164            day = chr(0xb7)+chr(0xae)+chr(0xb3) # キョウ
165            for i in range(chars_per_line-len(day)-len(s)):
166                s = ' '+s
167            write_string(day+s+minmax)
168        elif mode==2:
```

```python
169            day = chr(0xb1)+chr(0xbd) # アス
170            for i in range(chars_per_line-len(day)-len(s)):
171                s = ' '+s
172            write_string(day+s+weather2)
173        elif mode==3:
174            day = chr(0xb1)+chr(0xbd) # アス
175            for i in range(chars_per_line-len(day)-len(s)):
176                s = ' '+s
177            write_string(day+s+minmax2)
178
    # LCD表示用の変数省略

193 GPIO.setmode(GPIO.BCM)
194 GPIO.setup(24, GPIO.IN, pull_up_down=GPIO.PUD_DOWN)
195 GPIO.add_event_detect(24, GPIO.RISING, callback=my_callback, bouncetime=200)
196
197 address_adt7410 = 0x48
198 register_adt7410 = 0x00
199
200 mode = 0
201 temperature = 999
202 minmax = ''
203 weather = ''
204 minmax2 = ''
205 weather2 = ''
206
```

```python
second = 0    # プログラム起動時から経過した秒数(目安)
hour = 0      # プログラム起動時から経過した時間(目安)
prevhour = -1 # 前回天気予報を問い合わせた時間


try:
    while True:

        if hour != prevhour: # 前回問い合わせより約1時間後
            getWeather()     # 天気予報取得
            prevhour = hour

        try:
            temperature = read_adt7410() # 温度取得
        except IOError:
            temperature = 999   # 温度取得失敗

        try:
            displayWeather()  # LCDに情報表示
        except IOError:
            print('I2C通信エラースキップ')

        second = second + 1 # 1秒進める
        hour = int(second/3600)  # 秒を時間に変換(0,1,2,…のように整数のみ)

        sleep(1)

```

```
233 except KeyboardInterrupt:
234     pass
235
236 GPIO.cleanup()
```

プログラム 4-4　天気予報機能付き温度計 4 モード版

●定義されている関数

このプログラムはこれまでのものに比べて長いのですが、その多くは関数の定義です。どのような関数が定義されているのか、概略を紹介しておきましょう。

● read_adt7410()

ADT7410を使用した温度センサモジュールから温度を取得するための関数です。

● my_callback(channel)

タクトスイッチが押されたときにモードを切り替えるために実行される関数です。3章でも用いましたね。

● getLCDMinMax(temp)

インターネットより取得したデータから118ページの図4-13の「--/21」や「18/24」といった最低・最高気温を表す文字列を作成する関数です。

● getLCDWeather(weather)
● replaceWeather(weather)

インターネットより取得したデータから図4-13の「アメノ

クモリ」や「アメ→クモリ」などの文字列を作成する関数です。replaceWeatherが「雨」→「アメ」などカタカナへの変換を担当し、getLCDWeatherはそれを「/」や「→」で結合しています。

● getWeather()
103〜104ページのプログラム4-1や106〜107ページのプログラム4-2で行ったように、インターネットから天気予報データを取得する関数です。データ取得後、関数getLCDMinMaxや関数getLCDWeatherを呼び出し、最低・最高気温や天気予報を表す文字列を作成するところまで行っています。なお、このプログラムは温度計として「常に動作し続ける」ことを意図しています。そのため、ネットワークにアクセスする命令をtry 〜 except requests.exceptions.RequestExceptionで挟み、実行途中でネットワークエラーが起こったときにプログラムが終了しないようにしています。

● displayWeather()
あらかじめ温度センサから取得済みの気温データと、あらかじめ作成済みの最低・最高気温や天気予報の文字列を結合し、実際にLCDに表示するところまで行っています。そのときのモードに応じて表示内容を変えています。なお、このLCDへの表示を何度も繰り返し行うと、何回かに1回、I²C接続のエラーによりプログラムが終了してしまうことがあります（頻度は環境によって異なるようです）。そのため、この関数を呼び出すときはtry 〜 except IOErrorで挟むこと

で、エラーが出てもプログラムが終了しないようにしています。

以上が関数の概略です。3章でも述べたように、関数は必要なときに呼ぶものですから、呼ばれない限りは実行されません。プログラム起動時にまず実行されるのは初期化処理であり、その後にwhileループに入ります。その部分で何が行われているかを知るのがプログラムを理解するために必要不可欠ですので、以下で見ていきましょう。

●初期化処理と定義されている変数

まず、GPIOポートに接続されたタクトスイッチの設定をしていますが、これは3章と同じく、スイッチが押された時にmy_callbackが呼ばれるようにしています。

変数を定義している部分では、主に以下のものを定義しています。

- address_adt7410、register_adt7410
  ADT7410使用温度センサを用いるためのアドレスなどです。
- mode
  LCDの現在のモードを格納する変数です。4モード版では0〜3に、3モード版では0〜2に変化します。
- temperature
  温度センサで取得した温度を格納する変数です。「999」は温度取得に失敗したこと、あるいは温度センサが接続されていないことを示す特別な記号として用いています。

4章 インターネット上の天気予報データを利用しよう

- minmax、weather、minmax2、weather2

  それぞれ「当日の最低・最高気温」、「当日の天気予報」、「翌日の最低・最高気温」、「翌日の天気予報」の文字列を格納する変数です。118ページの図4-13の例では、それぞれ「--/21」、「アメ/クモリ」、「18/24」、「アメ→クモリ」が格納されています

- second、hour、prevhour

  secondとhourはプログラムが実行されてからのおおよその経過秒、経過時間（整数）を表します。prevhourは、whileループの1ステップ前でのhourの値を格納しています。

●プログラムの動作スケジュール

これらの変数を用いて、whileループは図4-14のような時間スケジュールで動作します。whileループ内では、secondという変数をループ1回につき1増やすようにしています。while

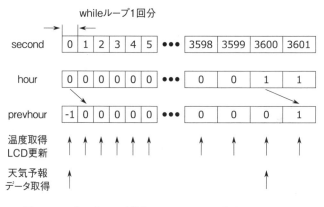

図4-14 プログラムが動作しているときの時間スケジュール

ループ内でsleep(1)を実行しているため、このsecondという変数はプログラムの実行開始からのおよその秒数を意味することになります。また、hourという変数はsecondを3600で割った整数部分を表しますから、secondが3600に達する前は0、3600に達すると1となります。これはプログラムの実行開始からのおよその経過時間です。prevhourという変数は、図で示したとおり、初期値が-1で、hourの1ステップ前の値が格納されています。

以上のタイムスケジュールにおいて、温度センサからの温度の取得とLCDの画面の更新はwhileループにおいて毎回実行されます。つまり、約1秒ごとに温度が更新されるということです。このとき、天気予報の情報もLCDで毎回書き換えられるのですが、プログラム内では天気予報のデータはおよそ1時間に1回だけインターネットから取得するようにしていますので、LCD上では変化がないままです。

天気予報データの更新は図において「hourとprevhourの値が異なるとき」のみ実行されます。言い換えると、「hourの値が0→1、1→2、と変化したとき」ということなので、これはおよそ1時間おき、ということになります。

●インターネット上のサーバへのアクセス頻度

このプログラムのように、インターネットに定期的にアクセスするプログラムでは、アクセスの頻度に注意しなければなりません。あまり頻繁に天気予報データを更新すると、ネットワークに負荷がかかるだけでなく、データを提供しているサーバにも負荷がかかり、場合によっては不正アクセスと判定されてアクセスがブロックされてしまうかもしれません。今回のよう

に完成済みのプログラムをそのまま動かす場合には問題になりませんが、皆さんがプログラムを改造する場合、あるいは皆さんがプログラムをゼロから書く場合、プログラムのミスにより、1秒間に何十回ものアクセスをしてしまうかもしれません。そういう時に問題に気づきやすいよう、今回のプログラムではインターネットにアクセスするたびにPython Shellに「インターネットから天気予報データを入手しました」と表示するようにしています。サンプルプログラムではおよそ1時間に1回、この表示がPython Shellに追加されていきます。ですから、この表示の追加頻度が速い場合はそれだけインターネットに頻繁にアクセスしていることを意味します。もしこのプログラムを改造しようという方はPython Shellの表示に注意し、過度なアクセスを行わないよう注意しましょう。

5章 Raspberry Piを家電製品のリモコンにしよう

5.1 本章で必要なもの

本章では、Raspberry Piを家電製品のリモコンの代わりにします。家電製品とはたとえばテレビや室内照明などです。これらのリモコンのボタンを押すと、対応した家電製品を制御するための信号が出力されます。この信号をRaspberry Piから出力することを目指します。

本章で必要になる物品は表5-1の通りです。

表5-1 本章で必要な物品

物品	備考
Raspberry Piと電子工作用物品	必須。2章でLチカの動作確認をしたもの。ただし、赤色LEDは用いない。Raspberry Pi 2を用いる場合、OSはNOOBS 1.4.1以降を用いてインストールされている必要がある。詳細は本文参照
リモコンで操作できる家電製品とそのリモコン	解説ではテレビとそのリモコンを用いる。なお、エアコンの制御は難しいことが多いため本書では取り扱わない
赤外線リモコン受信モジュール	必須。秋月電子通商での通販コードはI-04659、I-04169、I-06491のどれか
赤外線LED	必須。秋月電子通商での通販コードはI-03261、I-04311、I-04779のどれか
トランジスタ 2SC1815-Y、2SC1815-GR、2SC1815-BL のうちどれか1つ	必須。赤外線LEDに8mAより大きい電流を流すために用いる。秋月電子通商の通販コードI-04268、千石電商のコード8Z2T-3SHLなど

物品	備考
100Ωの抵抗	必須。上記のトランジスタと一緒に用いる。4色の場合のカラーコードは茶、黒、茶、金。秋月電子通商の通販コードR-25101(100本入り)、千石電商のコード8ASS-6UHG(10本から)など。なお、330Ωの抵抗3本で110Ωの抵抗を作ることができるので、それでもよい
10kΩの抵抗	トランジスタと一緒に用いる。4色の場合のカラーコードは茶、黒、オレンジ、金。秋月電子通商の通販コードR-25103(100本入り)、千石電商のコード7A4S-6FJ4(10本から)など
タクトスイッチ	オプション。テレビに命令を与える際に5個用いる。秋月電子通商の通販コードP-03647など

各項目について、以下で解説していきます。

5.1.1 Raspberry PiのOSのバージョン

本章の内容をRaspberry Pi 2で行う場合、OSであるRaspbianは、2015年5月にリリースされたNOOBS 1.4.1以降を用いてインストールしたものである必要があります。それ以前のバージョンではRaspberry Pi 2で本章の内容を実行することはできませんので、最新版のNOOBSでRaspbianをインストールし直してから先に進みましょう。用いたNOOBSのバージョンを知る方法は**1.6.1**で解説しています。

なお、Model B+ならばその問題は起こりませんが、あまり古いOSを用いると本章で用いるソフトウェアの設定方法が異なる場合がありますので、やはり新しいOSを用いることを推奨します。

5.1.2 家電製品とそのリモコン

本章の解説では、テレビとそのリモコンを例として取り上げ

ます。他にも取り扱いやすい例としては室内照明などがありますが、本章の解説と全く同じ手順で動作検証ができる、という点でテレビを用いることをお勧めします。なお、エアコンはリモコンから出る信号が複雑であり、ここで紹介する方法では制御できないことが多いので、用いないでください。取り扱えないリモコンがある理由については**5.2.2**をご覧ください。

5.1.3 赤外線リモコン受信モジュール

家電製品、特にテレビのリモコンから出る赤外線の信号を読み取るために赤外線リモコン受信モジュールを用います。型番OSRB38C9AA（秋月電子通商での通販コードI-04659）やPL-IRM1261-C438（同じくI-04169）は図5-1（A）、型番PL-IRM2161-XD1（同じくI-06491）は図5-1（B）のような形状をしています。どれを選んでいただいても構いません。

5.1.4 赤外線LED

赤外線LEDは図5-1（C）のような形状をしています。2章や3章で用いた赤色LEDと同じく、長い端子のアノードをプラス側に、短い端子のカソードをマイナス側に接続して用います。見た目も使い方も他の色のLEDとほとんど同じなのですが、最も大きな違いは、赤外線という目に見えない光を発するという点です。

たとえば、2章の図2-7（47ページ）の回路を赤外線LEDで作ってみましょう。LEDが赤外線を発しますが、我々の目には何も見えません。これでは回路が正しく動作しているのか分かりませんね。そこで、目に見えない赤外線を「見る」方法を知っておくと便利です。よく知られているのは、デジカメや

5章 Raspberry Piを家電製品のリモコンにしよう

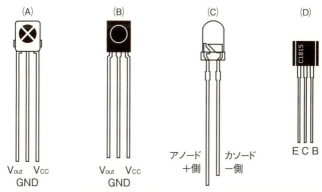

図 5-1 （A）、(B) 赤外線リモコン受信モジュール、(C) 赤外線 LED、(D) NPN トランジスタ

スマートフォンのカメラでLEDの頂点部分をのぞきこむことです。人間の目と異なり、カメラのセンサは赤外線に反応しますので、カメラの画面上で赤外線を紫がかった光として観察することができます。なお、この方法で観察すると、赤外線がLEDの頂点方向の狭い範囲にのみ広がっていることがわかります。このことは赤外線LEDをテレビの方向に向ける際に重要な意味を持ちますので、頭にとどめておいてください。

なお、型番OSI3CA5111A（秋月電子通商の通販コードI-04779）の赤外線LEDは赤外線に加えて、人間の目に見える赤い光もわずかに出力しますので、カメラを用意できない方はこちらを用いてもよいでしょう。ただし、家電製品の制御にはこの「人間の目に見えること」という性質は必要ではありません。

この赤外線LEDを使って、家電製品に命令を伝えることになります。

5.1.5 トランジスタ2SC1815

132ページの表5-1で紹介した赤外線LEDはどれも50mA程度の電流を流して用いられます。その際、2章の図2-9（51ページ）のような回路でLEDのオンオフを切り替えると、50mA程度の電流をLEDに流すことができません。2章で学んだようにGPIOにはデフォルトで8mAしか流すことができないからです。このように、LEDのオンオフを切り替えたく、さらにLEDにGPIOの電流制限を超えた電流を流したいという場合、前ページの図5-1 (D) のようなトランジスタを用いる必要があります。エミッタ (E)、ベース (B)、コレクタ (C) と呼ばれる3つの端子があります。詳細は後に紹介します。

5.2 Raspberry Piをテレビのリモコンにするには

5.2.1 全体の流れ

ここから、Raspberry Piをテレビのリモコンにする方法を解説していきます。まず、実現したいことを図示したのが図5-2です。通常、テレビにはリモコンからの信号を受け取る受光面があり、図5-2 (A) のようにそこをめがけてリモコンで命令を送信します。そのリモコンのかわりに、図5-2 (B) のようにRaspberry Piに接続した赤外線LEDからテレビへ命令を送信しよう、というわけです。

そのためには、「リモコンの信号を学習するフェーズ」および「学習した信号を赤外線LEDから出力するフェーズ」の2

5章 Raspberry Piを家電製品のリモコンにしよう

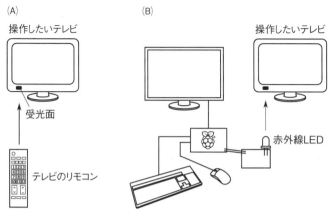

図5-2 (A) 通常のリモコンの利用法、(B) Raspberry Piをリモコンにした場合の利用法

つの段階を経る必要があります。本書ではこれらをそれぞれ「学習フェーズ」および「送信フェーズ」と呼びます。順に解説していきましょう。

5.2.2 学習フェーズ

まず、学習フェーズで行うことを図示したのが次ページの図5-3です。この段階では赤外線LEDを用いず、赤外線リモコン受信モジュールをRaspberry Piに接続します。そして、テレビのリモコンをこの受信モジュールに向け、ボタンを何度も押します。この操作により、テレビのリモコンから出力されている信号をRaspberry Piで読み取り、記憶させます。この操作をリモコンの「学習」と呼びます。

このとき、リモコンからどのような信号が出ているのか知っておくとイメージがつかみやすいでしょう。あるテレビのリモ

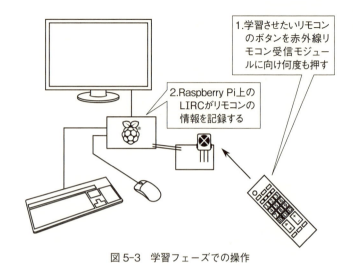

図5-3　学習フェーズでの操作

コンの電源ボタンを1回押した際、リモコンに内蔵されているLEDが発光するパターンを図示したのが図5-4 (A) です。およそ60ミリ秒から70ミリ秒という短い時間の間に、赤外線LEDの発光のオンオフが何度も切り替わっていることがわかります。この発光パターンがこのリモコンの電源ボタンに対応する信号です。リモコンの他のボタン、たとえばボリュームやチャンネルボタンを押すと、異なる発光パターンの信号が出力されます。これらをテレビが読み取って、押されたボタンに応じて電源の状態、ボリューム、チャンネルが変更されるわけです。また、発光パターンはテレビのメーカーによっても異なります。

なお、出力される信号が図5-4 (A) のものよりも長すぎるリモコンでは、学習フェーズが失敗するため本章の演習を行う

5章 Raspberry Piを家電製品のリモコンにしよう

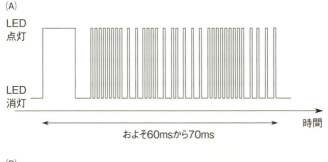

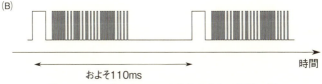

図5-4 テレビのリモコンから出力される信号の例

ことができません。エアコンのリモコンなどが該当します。

図5-4（A）はボタンを1回押したときの発光パターンですが、そのボタンを長く押し続けた場合、図5-4（B）のように同じ発光パターンがおよそ110ミリ秒ごとに繰り返されます。

さて、この学習フェーズにおいて、本書ではテレビのリモコンのうちの18個のボタンをRaspberry Piに向けて押して学習させます。この作業は少し手間のかかる作業ですので、慣れないうちは失敗することもあるでしょう。しかし、何度でも繰り返してトライできますので、あせらずに実行しましょう。

5.2.3 送信フェーズ

送信フェーズでは、次ページの図5-5のように赤外線LEDを操作したいテレビに向け、学習フェーズで学習した信号をテ

レビに向けて送信します。どの信号をどのタイミングで送信するかを決定する方法として、本書では図のように「ターミナルによる送信」、「タクトスイッチによる送信」、「ブラウザによる送信」の3つを取り上げます。

「ターミナルによる送信」では皆さんがこれまで使ってきたターミナルソフトウェアLXTerminalを用います。ターミナル上でコマンドを打ち込むことで、テレビに命令を与える方式です。ターミナルの利用は苦手、という方も多いと思いますが、この方法が成功しないと残りの2つの方法は実行できませんの

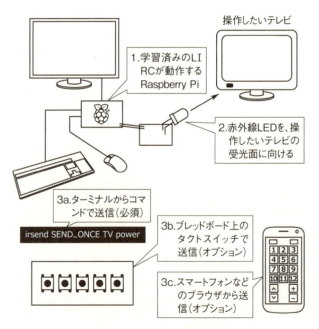

図5-5　送信フェーズでの操作

で、ぜひ成功していただきたいと思います。

残りの2つの方法はそれぞれオプションとしますので、お好みの方だけを実行していただいて構いません。「タクトスイッチによる送信」はブレッドボードにタクトスイッチを配置し、スイッチを押したタイミングで命令を送信します。本来ならばリモコンのボタンに対応する18個のタクトスイッチを配置すべきですが、それでは配線が大変になりますので、簡易的に5個のスイッチで電源のオンオフ、ボリュームの上下、チャンネルの上下を実現します。最後の「ブラウザによる送信」ではブラウザで閲覧できるウェブページに18個のボタンを配置し、それを押すことで命令を送信します。

タクトスイッチを用いるにせよブラウザを用いるにせよ、命令送信の時にターミナルで入力したコマンドが内部で呼び出されますので、「ターミナルによる送信」によるテレビの操作を成功させておくことが必須となります。注意してください。

5.2.4 LIRCのインストールと設定

学習フェーズでも送信フェーズでも、LIRC (Linux Infrared Remote Control) と呼ばれるソフトウェアが必要になりますので、ここでそのインストールと設定を済ませておきましょう。ネットワークへの接続が必要になりますので、**1.7**を参考にネットワークに接続してから先に進めましょう。

ターミナルを起動し、下記のコマンドを順に実行してください。

```
sudo apt-get update
sudo apt-get install lirc
```

1つ目はインストールできるパッケージのリストを更新しますので、ネットワークの状態に応じて数分の時間がかかります。2つ目で実際にLIRCをインストールしています。この際、「続行しますか？」や「検証なしにこれらのパッケージをインストールしますか？」と聞かれることがありますので、その場合はそれぞれキーボードの［y］をタイプした後［Enter］キーを押して続行してください。インストールが終わったら、ターミナルで下記のコマンドを実行し、設定ファイル/etc/modulesを管理者権限のleafpadで開いて編集できるようにします。このとき、ターミナルにいくつか警告が表示されることがありますが、気にしなくても構いません。

```
sudo leafpad /etc/modules
```

　leafpadでファイルを開いたら、ファイルの末尾に下記の1行を追記してから保存し、leafpadを閉じてください。

```
lirc_dev
```

「lirc」と「dev」の間は「_（アンダーバー）」ですので注意してください。
　次に、下記のコマンドを実行し、設定ファイル/boot/config.txtを管理者権限のleafpadで開いて編集できるようにします。

```
sudo leafpad /boot/config.txt
```

5章 Raspberry Piを家電製品のリモコンにしよう

　このファイルにはさまざまな設定が書かれていますが、それらを壊さないよう注意しながら作業を行います。末尾付近に、下記の行があるのを見つけてください。

```
# Uncomment this to enable the lirc-rpi module
#dtoverlay=lirc-rpi
```

　この下に1行追加し、下記のようにしましょう。

```
# Uncomment this to enable the lirc-rpi module
#dtoverlay=lirc-rpi
dtoverlay=lirc-rpi,gpio_in_pin=24,gpio_out_pin=25
```

　こちらは、「lirc」と「rpi」の間は「-（ハイフン）」であり、「gpio」と「in」と「pin」および「gpio」と「out」と「pin」の間は「_（アンダーバー）」ですので注意しましょう。この行はLIRCを用いるための設定ですが、入力ピンとしてGPIO 24を、出力ピンとしてGPIO 25を使う設定となっていることが読みとれるでしょう。注意深く記述をし、終わったら保存をしてleafpadを閉じてください。
　なお、Raspbianのバージョンによっては上記の行が見つからない場合があるかもしれません。その場合、/boot/config.txtの末尾に追加すればよいでしょう。

　さらに、もう1つ設定ファイルを変更する必要があります。次のように/etc/lirc/hardware.confという設定ファイルを管理者権限のleafpadで開きましょう。

```
sudo leafpad /etc/lirc/hardware.conf
```

このファイルの中で末尾付近にある下記の5行を見つけましょう。

```
# Run "lircd --driver=help" for a list of supported
drivers.
DRIVER="UNCONFIGURED"
# usually /dev/lirc0 is the correct setting for
systems using udev
DEVICE=""
MODULES=""
```

そして、下記のように変更してください。変更点は「DRIVER」という設定項目を「default」に、「DEVICE」という設定項目を「/dev/lirc0」に、「MODULES」という項目を「lirc_rpi」に変更することがポイントです(「lirc」と「rpi」の間は「_(アンダーバー)」です)。

```
# Run "lircd --driver=help" for a list of supported
drivers.
DRIVER="default"
# usually /dev/lirc0 is the correct setting for
systems using udev
DEVICE="/dev/lirc0"
MODULES="lirc_rpi"
```

以上の編集が終わったら保存してleafpadを閉じましょう。

以上が終わったら、Raspberry Piを再起動してください。これでLIRCのインストールと設定は完了です。

5.3 学習フェーズでリモコンの信号を読み取ろう

前節での解説に基づき、本節では学習フェーズでリモコンの信号をRaspberry Piに学習させます。

5.3.1 irrecordコマンドの実行

それでは、リモコンの信号を読み取っていきましょう。まずは、赤外線リモコン受信モジュールを用いて次ページの図5-6の回路を作成してください。なお、本書の他の回路と異なり、図5-6の回路は、作成後にRaspberry Piを再起動してください。そうしないと、ここから行うリモコンの学習に失敗することがあります。なお、図5-6の回路を作成してからRaspberry Piの電源を入れる、という方針でも構いません。

この赤外線リモコン受信モジュールにリモコンからの赤外線LEDの光をあてると135ページの図5-1のV_{out}端子から赤外線LEDの状態が出力されますので、それをGPIO 24で読み取ります。これは**5.2.4**でGPIO 24を入力に設定したためです。

読み取りにはirrecordというコマンドを用います。ターミナルを起動し、下記のコマンドを実行します。

```
irrecord -n -d /dev/lirc0 TV
```

ここで「TV」というのは、これから読み取るリモコン信号

145

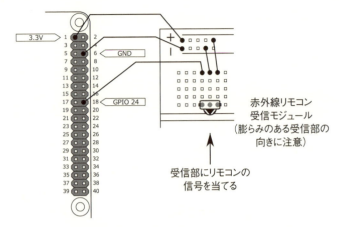

図5-6 赤外線リモコン受信モジュールを用いた回路

のグループにつける名前です。ここはユーザーが自由に決めてよい部分ですが、この部分を変更せずにそのまま用いると本書のサンプルファイルを変更なしでそのまま用いることができますので、皆さんも「TV」という名前をつけることをお勧めします。このコマンドを実行してから終了するまでには長い手順が必要になりますが、その終了後に「TV」という名前のファイルが作成されます。つまり、この「TV」という名前は信号のグループにつける名前であると同時に、結果が記録されるファイル名であることにも注意してください。

さて、前ページのコマンドを実行する際、TVというファイルがすでに存在する場合、下記のエラーが出てirrecordが終了することがあります。

```
irrecord: file "TV" does not contain valid data
```

5章 Raspberry Piを家電製品のリモコンにしよう

irrecordでの学習に一度失敗して、もう一度トライする場合にこのエラーが出ることが多いでしょう。その場合、以下のコマンドでファイル「TV」を削除してからもう一度irrecordコマンドを実行しましょう。ファイルマネージャでファイル「TV」を削除しても構いません。

```
rm TV
```

irrecordコマンドが正しく実行されると、ターミナルに図5-7のような文字列が表示されます。流れるメッセージの前半部はこのirrecordコマンドについての解説です。まずは図のように一度キーボードの[Enter]キーを押してください。すると、図5-7の後半のようにこれからすべきことが英語で解説されます。ここでは、リモコン上の必要なボタンをそれぞれ約1秒ずつ押していくよう指示されています。1つのボタンを押す

```
(中略)
Please send the finished config files to <lirc@bartelmus.de> so that I
can make them available to others. Don't forget to put all information
that you can get about the remote control in the header of the file.

Press RETURN to continue.     ← ここで[Enter]キーを押す


Now start pressing buttons on your remote control.

It is very important that you press many different buttons and hold them
down for approximately one second. Each button should generate at least one
dot but in no case more than ten dots of output.
Don't stop pressing buttons until two lines of dots (2x80) have been
generated.

Press RETURN now to start recording.    ← ここで2度目の[Enter]キー
```

図5-7 irrecordコマンドでの操作(1)

と、押している時間に応じて画面上にピリオドが表示されます。1つのボタン当たり、ピリオドが1～10個表示される程度の長さでボタンを押す、という作業を必要なボタンの数だけ繰り返します。そして、それをピリオドがターミナル2行分埋め尽くすまで繰り返すよう、指示されています。前ページの図5-7の「ここで2度目の［Enter］キー」という部分で［Enter］キーを入力するとその作業が始まるのですが、その前に、テレビのリモコンで今後用いるボタンをあらかじめ解説しておきましょう。

5.3.2 リモコンの必要なボタンを何度も押す

本項ではテレビのリモコンのボタンのうち表5-2の18個の機能をRaspberry Piから利用できるようにします。テレビのリモコンには、これよりもたくさんのボタンがあることが多いと思いますが、最低限必要な機能のみに絞っています。まずはお使いのリモコンでこれらのボタンを確認してください。もし表5-2の中でリモコンに存在しないボタンがあった場合、存在するボタンだけで以下の作業を行ってください。

表5-2 テレビのリモコンのうち、本章で用いるもの

リモコン上のボタン	プログラム上の名称	リモコン上のボタン	プログラム上の名称	リモコン上のボタン	プログラム上の名称
電源	power	入力切り替え	input	1	ch1
2	ch2	3	ch3	4	ch4
5	ch5	6	ch6	7	ch7
8	ch8	9	ch9	10	ch10
11	ch11	12	ch12	ボリューム＋	vup

リモコン上のボタン	プログラム上の名称	リモコン上のボタン	プログラム上の名称	リモコン上のボタン	プログラム上の名称
ボリューム－	vdown	チャンネル＋	cup	チャンネル－	cdown

　これら18個のボタンを、赤外線リモコン受信モジュールに向かって押していくことになります。順番は決まっていませんし、1つのボタンを複数回押すことになっても構いません。まずは、147ページの図5-7の末尾の位置でキーボードの［Enter］キーを押しましょう。押した直後から、リモコンからの信号を受け付けるモードになります。このモードで10秒間リモコンからの信号が来ないと、irrecordが自動的に終了してしまいますので、キーボードの［Enter］キーを押したらすぐにリモコンのボタンを押しはじめます。もしirrecordが自動的に終了してしまったら、もう一度irrecordのコマンドの実行からやり直してください。

　赤外線リモコン受信モジュールに向かって表5-2に記されたボタンを1つずつ押していくと、次ページの図5-8（A）のようにターミナル上にピリオドの記号が増えていきます。1つのボタンにつきピリオドが1～10個表示される程度の長さでボタンを押すという作業を、ターミナルの2行分ピリオドが表示されるまで繰り返しましょう。この際、ボタンを押したらターミナル上にピリオドが表示されることを確認しながらボタンを押しましょう。ボタンを押す時のリモコンの角度によっては、ターミナルにピリオドが表示されないことがあります。そういう場合はピリオドが表示されるよう、ボタンを押しなおしてください。また、1行目と2行目の間で図5-8（B）のようにメッセージが表示されますが、気にせず2行目の終わりまで続け

図5-8　irrecord コマンドでの操作（2）

てください。

　もし、リモコンのボタンを赤外線リモコン受信モジュールに向かって押しても全くピリオドが表示されない場合、下記の原因が考えられます。該当する部分を見なおしてください。
(4) の場合は別のリモコンを試してください。

(1) 146ページの図5-6の回路が正しく作られていない
(2) 図5-6の回路の作成後にRaspberry Piを再起動していない
(3) **5.2.4**の設定、特にGPIO 24を入力にする設定が正しく反映されていない
(4) お試しのリモコンが、irrecordで認識できないリモコンである（エアコンのリモコンなど）

5.3.3 リモコンのボタンに名前をつけよう

●認識がうまくいかない場合の注意

　図5-8 (B) のようにピリオドがターミナルの2行分表示されるまでリモコンを押し続けると、画面は図5-9のように変化

します。

冒頭の7行がここまでの認識結果を表しています。人によって異なる数値の部分は「XXXX」などと表記しました。本章で取り扱うことのできないリモコンを用いると、6〜7行目の

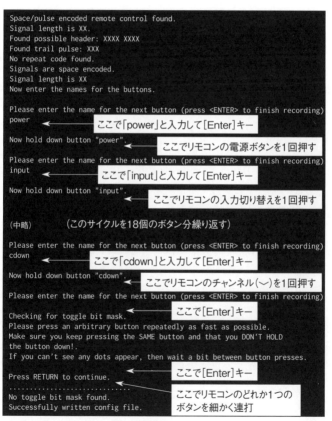

図5-9 irrecordコマンドでの操作（3）

「Signals are space encoded. Signal length is XX」の箇所が「Unknown encoding found. Creating config file in raw mode.」などと表示されるでしょう。その場合、別のリモコンをお試しください。ただし、このエラーが認識時のトラブルによるもので、もう一度試すと認識に成功する場合もあります。そのため、irrecordによる認識を複数回試してから、そのリモコンが認識不能なものかどうかを判断するとよいでしょう。

　認識できないリモコンに関して、もう1つ注意を述べます。地デジチューナーやケーブルテレビ用リモコンなどには、2種類の信号を出力するものがあります。たとえば、チャンネルボタンはA社の地デジチューナー用の信号を出力し、音量ボタンはB社のテレビモニタ用の信号を出力する、などです。このように、複数のメーカー用の信号を同時に認識しようとすると、やはり認識に失敗することが多いでしょう。その場合、どちらかのメーカー用のボタンのみを認識させるようにするとうまくいくと思いますので、それで成功までの流れをつかんでください。その後、「**5.4.5 複数の家電製品を操作するためのヒント**」を参考にすると、2つのメーカー用の信号を出力できるようになります。しかし、タクトスイッチやブラウザからの制御を行うにはプログラムの変更が必要になりますので、やや上級者向きとなるでしょう。

●ボタンに名前をつける流れ

　ここからは、認識が成功したものとして解説を続けます。18個のボタンに名前をつけるモードになります。ここは少し手間がかかりますが、あせらずに1つずつ実行しましょう。ボタン

5章　Raspberry Piを家電製品のリモコンにしよう

につける名前は、140ページの図5-5で示した「ターミナルによる送信」、「タクトスイッチによる送信」、「ブラウザによる送信」のすべてで用いられます。なお、ブラウザで用いる名前をつける際、その名称はアルファベットで始まる必要があります（CSSと呼ばれる規格での制限です）ので、ここでは18個のボタンに148～149ページの表5-2のような名称をつけることにします。これと同じ名称にしないと本章のサンプルファイルは動作しませんので、皆さんもこの名称を用いてください。

　名称を入力する手順は、151ページの図5-9に示されている通り、

（1）ボタンの名称（たとえばpower）をキーボードで入力して［Enter］キーを押す
（2）リモコンのボタン（powerに対応する電源ボタン）を赤外線リモコン受信モジュールに向けて押す

という手順を表5-2の18個のボタンに対して繰り返します。なお、（1）においてボタンの名称のスペルを間違えてしまった場合でも後で修正できますので、気にせずに進めて構いません。また、（2）でボタンが認識されると、ターミナルに「Please enter the name for the next button（略）」と表示されて次のボタンの名前入力を促されます。このメッセージが表示されない時は、ボタンが認識されていませんので、認識されるようもう一度ボタンを押しましょう。

　18個のボタンの入力が終わったら（図5-9では"cdown"のボタンを押し終わったら）、図のように［Enter］キーを2回押します。そしてその後、リモコンのどれか1つのボタンを選びそのボタンだけを赤外線リモコン受信モジュールに向けて連打します。連打するボタンは18個のうちどれでも構いませ

ん。連打に応じて151ページの図5-9の末尾のようにピリオドが増えていきます。必要な回数の連打が認識されると、図5-9のように、「Successfully written config file.」というメッセージが表示され、irrecordコマンドが終了します。なお、このときのピリオドの個数は人によって異なりますので、図5-9より少なくても気にしなくて構いません。最終的に、「TV」というファイルに設定が書き込まれています。

5.3.4 できた設定ファイルの中身を確認

以上でirrecordを用いたリモコンの学習が終わり、「TV」という設定ファイルが書き込まれました。それでは、その中身を確認してみましょう。これまで通り、leafpadを使います。ターミナルで下記を実行しましょう。

`leafpad TV`

図5-10のような内容が見られるでしょう。なお、図5-10では人によって異なる箇所を「XXXXX」などの記号で表しました。重要なのは図に示した通り、「TV」という名称がグループに付けられていること、リモコンの各ボタンの名称が記されていることです。なお、リモコンのボタンの名称を間違えた場合は直接leafpadで書き換えて保存することで修正できます。ただし、誤って「XXXXX」の部分まで変更しないよう注意しましょう。確認または修正が終わったらleafpadを閉じて構いません。

5.3.5 設定ファイルの移動とlircdの起動

5章 Raspberry Piを家電製品のリモコンにしよう

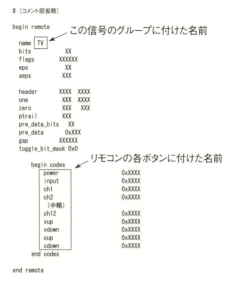

図5-10 完成した設定ファイル

以上の確認が終わったら、設定ファイルTVをlircdというソフトウェアで用いられる場所に移動します。下記のコマンドを実行し、ファイルTVを/etc/lircディレクトリ（フォルダ）にlircd.confという名称で移動します。

```
sudo mv TV /etc/lirc/lircd.conf
```

適切に設定された/etc/lirc/lircd.confが存在する状態でRaspberry Piを再起動すると、lircdというソフトウェアが自動で起動します。Raspberry Piを再起動して確かめてみましょう。ターミナルを起動して次のコマンドを実行しましょう。

このコマンドは、現在実行されているソフトウェアのうち、「lircd」という文字列を含むもののみを抽出します。

```
ps ax |grep lircd
```

すると、たとえば下記のような表示がターミナル上に現れます。

```
 453 ?          Ss      0:00 /usr/sbin/lircd --driver=
default --device=/dev/lirc0
2986 pts/1      S+      0:00 grep --color=auto lircd
```

これは2行の出力を表しており、1行目はlircdが動作していることを示すものです。2行目は「lircdという文字列を抽出する」という命令自体を表しているので、lircdが実行されているかどうかとは関係ありません。なお、先頭の「453」や「2986」という数値はプロセスIDと呼ばれるもので、人により異なる数値となります。もし、上記のうち、2行目のみしか出力されない場合、皆さんのRaspberry Piではlircdは動作していませんので、ここまでの流れを確認しなおす必要があります。見直すべきポイントは以下の通りです。

- Raspberry PiのOSのバージョンは条件を満たしているか（**5.1.1**）
- LIRCのインストールは完了しているか（**5.2.4**）
- /etc/modulesの設定（**5.2.4**）
- /boot/config.txtの設定（**5.2.4**）

5章　Raspberry Piを家電製品のリモコンにしよう

- /etc/lirc/hardware.confの設定（**5.2.4**）
- /etc/lirc/lircd.confが155ページの図5-10のような構成をしているか（**5.3.1 ～ 5.3.5**）
- Raspberry Piは再起動したか（**5.3.5**）

5.4　送信フェーズでテレビを操作してみよう

　それでは、ここから送信フェーズでテレビを操作してみましょう。140ページの図5-5に示したように、「ターミナルによる送信」、「タクトスイッチによる送信」、「ブラウザによる送信」の3種類の方法を紹介します。

5.4.1　ターミナルによるテレビの操作

●赤外線LEDに流れる電流

　まずはすべての方法の基本となる、ターミナルによるテレビの操作を体験してみましょう。赤外線LEDを点灯する回路を組むのですが、ここでは次ページの図5-11のようにトランジスタを用いた回路を作成します。周囲に「B」、「C」、「E」と記された丸い記号がトランジスタ（特にNPNトランジスタと呼ばれるもの）を表します。この回路は、図5-11（A）のようにGPIO 25をHIGHにしたときに赤外線LEDが点灯し、図5-11（B）のようにGPIO 25をLOWにしたときに赤外線LEDが消灯する回路となっています。この回路の機能は、2章でLEDを点灯させたときに作成した51ページの図2-9の回路と全く同じです。異なるのは、LEDに流れる電流の大きさです。図2-9の回路は、GPIO 25を流れる電流でLEDを点灯させますので、2章で紹介したように、デフォルトで8mAの電流し

(A)

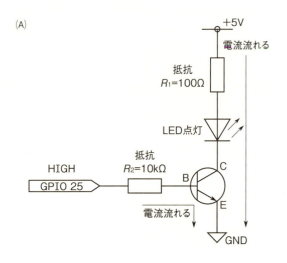

(B)

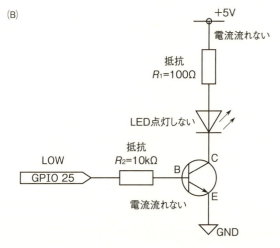

図 5-11　トランジスタを用いて赤外線 LED を点灯させる回路

か流せません。本章で用いる赤外線LEDは典型的には50mA程度の電流を流して使うものですので、51ページの図2-9の回路では流れる電流が小さすぎます。それに対し、図5-11の回路では、電流はRaspberry Piの5VピンからGNDに向かって流れるので、GPIOよりも大きな電流を流すことができます。なお、図5-11の回路における抵抗の決定方法は前著『Raspberry Piで学ぶ電子工作』の付録PDFで解説されています（付録PDFは前著のサポートページ[*6]より無料でダウンロード可能です）。

　一般に、LEDに流れる電流が小さいと点灯の明るさが弱くなります。本章の場合、赤外線LEDの「明るさ」が弱くなると、リモコンの信号が届く範囲が短くなります。具体的には、図2-9の回路でリモコンを作ると信号は2m程度しか届きませんが、図5-11の回路では信号が5m以上届きます。そのため、本章ではリモコンのための回路としてトランジスタを用いた図5-11を用います。

● ブレッドボード上に回路を構成

　この回路をブレッドボード上に構成したのが次ページの図5-12です。これまでの回路と異なり、5Vピンを使っていることに注意してください。**2.2**で述べたように、5Vピンから出力されている5Vを、3.3Vで動作している領域やGNDに接触させないよう注意する必要があります。このとき、**2.3**で触れたようにブレッドボードにジャンパーワイヤをさす際の順番にも気を配ると、トラブルをさけることができるでしょう。

　なお、図5-12では100Ωの抵抗を用いますが、持っていないという方は、次ページの図5-13のように330Ωの抵抗3つ

[*6] http://bluebacks.kodansha.co.jp/bsupport/rspi.html

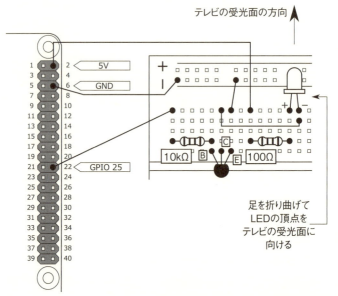

図5-12 トランジスタを用いて赤外線LEDを点灯させる回路の配線図

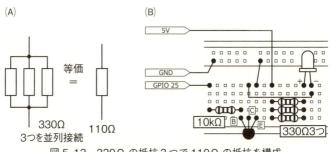

図5-13 330Ωの抵抗3つで110Ωの抵抗を構成

を並列に用いると110Ωの抵抗と等価になりますので、そちらを用いても構いません。

回路を作成し終わったら、赤外線LEDの頂点がテレビの受光面を向くよう位置を調整してください。必要に応じて赤外線LEDの足を曲げるなどするとよいでしょう。赤外線LEDの向きは、通常のリモコンに比べてかなりシビアです。水平方向の向きだけでなく、高さもしっかりあっていないと、テレビは信号に反応しませんので注意してください。

●ターミナルで命令を送信

以上の準備ができたら、ターミナルを起動し、以下のコマンドを実行してみましょう。

```
irsend SEND_ONCE TV power
```

この命令は、TVグループのpowerという信号を送信するという命令です。すなわち、リモコンの電源ボタンを押したときに出力される信号を、Raspberry Piに接続された赤外線LEDから出力する命令です。なお、SEND_ONCEとは命令を1回だけ送信することを表します。

テレビの電源の状態は変化したでしょうか？ 変化しない場合、まず**5.3**までの内容をチェックしましょう。/boot/config.txtにおいてGPIO 25が正しく出力に設定されていることが重要です。さらに図5-12の回路が正しく構成されているか、赤外線LEDはテレビの受光面を正確に向いているか、赤外線LEDとテレビの距離は遠すぎないか、をチェックしてください。

想像がつくように、「power」の部分を、148〜149ページの表5-2の信号名、すなわちinput、ch1〜ch12、vup、vdown、cup、cdownに変更すると、それぞれの機能を呼び出すことができますので、試してみてください。なお、似たようなコマンドを何度も実行する際、下記の手順に従うと、簡単に実行できますので覚えておくとよいでしょう。

1. ターミナル上でキーボードの［↑］キーを押すと、1つ前に実行したコマンドが表示されます。複数回押すと、それだけ前のコマンドが表示されます
2. 一度実行した「irsend SEND_ONCE TV power」を表示した上で、キーボードの［BackSpace］キーを用いて「power」の部分を別の信号名（「input」など）に書き換えましょう
3. 書き換えが終わったら［Enter］キーを押すと、その命令が実行されます

　なお筆者の経験では、家電製品によっては信号の認識率が低いことがありました。たとえば、「5回コマンドを実行するとそのうち1回は命令が実行されない」などです。その場合、コマンド実行ごとの信号の送信回数を139ページの図5-4（A）のような1回ではなく、図5-4（B）のように2回にすると、認識率が向上することがありました。これは、リモコンのボタンを長押しすることに対応するのでしたね。このように信号を2回出力するには、前ページのコマンドを下記のように変更します。「-# 2」の部分が信号の出力回数に対応します。

```
irsend -# 2 SEND_ONCE TV power
```

もし皆さんが「数回に1回認識に失敗する」という現象を経験したら、上記のコマンドで認識率が向上するかどうか、試してみてください。ただし、やはり機器によりますが、上記のコマンドにより、「ボタンが2度押された」と判定してしまうものもあります。ボリュームが一度に2つ大きくなる、などです。そのため、「-# 2」を付加するかどうかは皆さんのお使いの機器により判断してください。

なお、「タクトスイッチによる送信」および「ブラウザによる送信」について取り扱う以後の項ではirsendコマンドが内部的に呼び出されます。その際、たとえば「`irsend -# 1 SEND_ONCE TV power`」のように信号1回の送信であることを明示して記述しますので、必要な方はこの「1」を「2」に書き換えて実行してください。

なお、**5.1.1**において、Raspberry Pi 2でNOOBS 1.4.1よりも古いバージョンのOSを用いると本章の演習を行えない、と述べました。実際にその問題が起こるのはこの命令送信フェーズですので注意してください。

以上でターミナルによるテレビの操作についての解説は終わりですが、ここまでが実現できていないと、以下のタクトスイッチやブラウザによる操作は実現できません。まずはここまでの内容を確実に実現しましょう。

5.4.2 タクトスイッチによるテレビの操作

ターミナルによるテレビの操作が実行できたら、タクトスイッチによるテレビの操作は容易です。タクトスイッチが押されたタイミングで、**5.4.1**で用いたirsendコマンドが実行されるようにすればよいのです。そのための回路が次ページの図

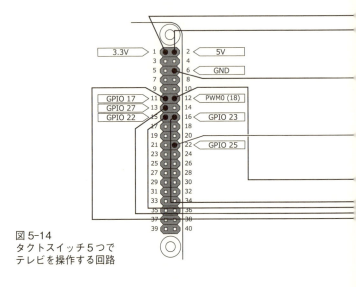

図 5-14
タクトスイッチ5つで
テレビを操作する回路

5-14です。160ページの図5-12の回路に5個のタクトスイッチを追加した回路ですが、図5-12では用いなかった3.3Vピンを用いていますので、忘れずに接続を追加してください。

なお、タクトスイッチの個数を5個だけにしたのは、配線が複雑になりすぎないようにするためです。これらのタクトスイッチに「power」、「cup」、「cdown」、「vup」、「vdown」の信号を割り当て、スイッチが押されると対応する信号が赤外線LEDから出力されるようプログラムを作成します。

そのためのサンプルプログラムがbb2-05-01-TV.pyです。
2.4.2に従い管理者権限で起動したidleでこのファイルを開き、実行してください。5つのタクトスイッチを押すことで、それらがリモコンの「電源」、「チャンネル+」、「チャンネル

5章 Raspberry Piを家電製品のリモコンにしよう

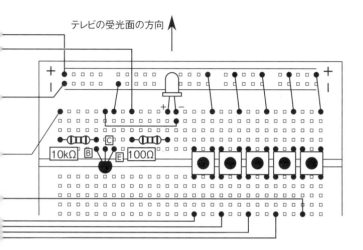

−」、「ボリューム+」、「ボリューム−」に割り当てられていることを確認できるでしょう。なお、タクトスイッチを用いますので、NOOBSのバージョンに関わらず管理者権限が必要です。

```
1  # -*- coding: utf-8 -*-
2  import RPi.GPIO as GPIO
3  from time import sleep
4  import subprocess
5
6  def my_callback(channel):
7      if channel==23:
8          args = ['irsend', '-#', '1', 'SEND_ONCE', 'TV', '
```

```
      power']
 9         subprocess.Popen(args)
10     elif channel==22:
11         args = ['irsend', '-#', '1', 'SEND_ONCE', 'TV', 'cup']
12         subprocess.Popen(args)
13     elif channel==27:
14         args = ['irsend', '-#', '1', 'SEND_ONCE', 'TV', 'cdown']
15         subprocess.Popen(args)
16     elif channel==17:
17         args = ['irsend', '-#', '1', 'SEND_ONCE', 'TV', 'vup']
18         subprocess.Popen(args)
19     elif channel==18:
20         args = ['irsend', '-#', '1', 'SEND_ONCE', 'TV', 'vdown']
21         subprocess.Popen(args)
22
23 GPIO.setmode(GPIO.BCM)
24 GPIO.setup(23, GPIO.IN, pull_up_down=GPIO.PUD_DOWN)
25 GPIO.setup(22, GPIO.IN, pull_up_down=GPIO.PUD_DOWN)
26 GPIO.setup(27, GPIO.IN, pull_up_down=GPIO.PUD_DOWN)
27 GPIO.setup(17, GPIO.IN, pull_up_down=GPIO.PUD_DOWN)
28 GPIO.setup(18, GPIO.IN, pull_up_down=GPIO.PUD_DOWN)
29
30 GPIO.add_event_detect(23, GPIO.RISING, callback=my_
```

```
           callback, bouncetime=200)
31  GPIO.add_event_detect(22, GPIO.RISING, callback=my_
           callback, bouncetime=200)
32  GPIO.add_event_detect(27, GPIO.RISING, callback=my_
           callback, bouncetime=200)
33  GPIO.add_event_detect(17, GPIO.RISING, callback=my_
           callback, bouncetime=200)
34  GPIO.add_event_detect(18, GPIO.RISING, callback=my_
           callback, bouncetime=200)
35
36  try:
37      while True:
38          sleep(1)
39
40  except KeyboardInterrupt:
41      pass
42
43  GPIO.cleanup()
```

プログラム 5-1 タクトスイッチでテレビを操作するプログラム

プログラム5-1は、これまで3章、4章で用いてきたタクトスイッチを用いたプログラムとあまり変わりません。irsendコマンドを呼び出している下記の2行が本質です。

```
args = ['irsend', '-#', '1', 'SEND_ONCE', 'TV', 'power']
subprocess.Popen(args)
```

この2行をPythonで実行すると、ターミナルで「irsend -# 1 SEND_ONCE TV power」コマンドを実行するのと同じ働きをします。

5.4.3 ブラウザによるテレビの操作

●WebIOPiのインストールについて

最後に、スマートフォンやPCのブラウザに配置した18個のボタンを用いてテレビを操作してみましょう。そのためには、図5-15のようにRaspberry PiとスマートフォンやPCが1つのルーターを介して同一のネットワークに属している必要があります。スマートフォンを用いる場合は、Wifi接続でなければなりません。PCの場合は有線でのネットワーク接続でも構い

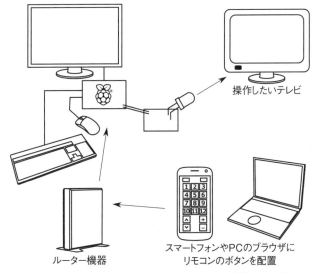

図5-15 スマートフォンやPCからテレビを操作する方法

ません。

スマートフォンを用いる場合、必ずWifiでルーターに接続した状態で演習を行ってください。docomo、au、softbankなどの通信キャリアの3GやLTE回線に接続した状態ではここからの演習は行えません。

図5-15のように、スマートフォンやPCのブラウザでWebページを閲覧しますが、このWebページを提供するのは、Raspberry Pi上で動作するWebサーバと呼ばれるソフトウェアです。このWebページ上でリモコンに相当するボタンを押すと命令が出力され、その命令はルーターを介してRaspberry Piに送られます。その命令を受けとるのもWebサーバです。さらにWebサーバはその命令を赤外線LEDによりテレビへと伝えます。

Webサーバにはさまざまな種類のものが存在しますが、本書で利用するのはWebIOPiというソフトウェアです。WebIOPiはWebページをスマートフォンやPCへ提供するだけでなく、Raspberry PiのGPIOにPython言語を用いてアクセスすることができますので、本書のような電子工作用途に適しています。

WebIOPiは本章だけではなく、6章や8章でも用います。そのため、WebIOPiのセットアップや設定の方法を、どの章からも参照しやすいよう巻末の**付録B**にまとめました。まずは**付録B**に進み、WebIOPiのインストールと設定を済ませてから、下記に進みましょう。

●本章で用いるPythonプログラムの読み込み

付録BでWebIOPiの起動とスマートフォンやPCからアク

セス可能なことを確認できましたら、以下へ進みましょう。

まず、回路は160ページの図5-12で作成したものをそのまま用います。この回路をブラウザで制御するためには、**付録B.5**でコピーしたサンプルに含まれている /usr/share/webiopi/htdocs/bb2/01/ ディレクトリ内にあるPythonプログラムscript.pyを用います。以下のように設定ファイルを編集してこの演習用のPythonプログラムを読み込むよう設定してからWebIOPiを起動しましょう。

まず、**付録B.5**で学んだように、ターミナルで次のコマンドを実行し、設定ファイル/etc/webiopi/configを管理者権限のleafpadで開きます。

```
sudo leafpad /etc/webiopi/config
```

この中のSCRIPTSセクションに、下記の1行を追加します。

```
#myscript = /home/pi/webiopi/examples/scripts/macros/script.py
myscript = /usr/share/webiopi/htdocs/bb2/01/script.py
```

1行目がもとからある行、2行目が追加した行です。この設定ファイルでは先頭に「#」がついた行はコメントとして無視されますので、もとからある行は記入例を示した行です。それにならい、「#」のつかない行を追加して、本節のPythonプログラムを読み込むよう指定しています。

追加したら保存してからleafpadを閉じます。そして**付録B.3**で学んだように、WebIOPiを起動します。まずは、

「`ps ax | grep webiopi`」コマンドでWebIOPiがすでに起動していないか確認してから、NOOBS 1.4.2以降を用いている方は「`sudo systemctl start webiopi`」コマンドで起動し、NOOBS 1.4.1またはそれ以前のバージョンを用いている方は「`sudo /etc/init.d/webiopi start`」コマンドで起動してください。すでにWebIOPiが起動されていた場合、NOOBS 1.4.2以降を用いている方は「`sudo systemctl stop webiopi`」コマンドで停止し、NOOBS 1.4.1またはそれ以前のバージョンを用いている方は「`sudo /etc/init.d/webiopi stop`」コマンドで停止してからWebIOPiを起動しなおしましょう。

●**動作確認**

動作確認するために、PCやスマートフォンのブラウザで下記のアドレスにアクセスしてください。IPアドレスは皆さんのRaspberry Piに割り当てられたものに読み替えてください。また、**付録B.4**で学んだように「http://」を省略しないことに注意してください。今回はさらに、末尾の「/」（スラッシュ）も忘れずに記述するよう注意してください。このスラッシュを記述しないと、プログラムが正しく読み込まれません。

http://192.168.1.3:8000/bb2/01/

正しくページが開かれると、次ページの図5-16のようなページが現れます。設定によってはパスワードを聞かれますので、**付録B.4**で学んだように入力してください。デフォルトではユーザー名は「webiopi」、パスワードは「raspberry」で

図 5-16　スマートフォンのブラウザでの操作画面の様子

したね。このページにアクセスできないときは、「ネットワーク構成が正しいか」、「IPアドレスが正しいか」、「WebIOPiが起動されているか」をチェックしてください。

図5-16はあるスマートフォンでの画面です。PCのブラウザでもおおむね同様のページを閲覧できるはずです。見ての通り、テレビのリモコンを模して作られています。各ボタンを押すと、テレビのリモコンとして機能してテレビが操作できるはずです。もし、図5-16のページが表示されているにもかかわらずテレビが操作できない場合、Raspberry Pi上で以下をチェックしてみましょう。

まず、ターミナルでたとえば「`irsend SEND_ONCE TV power`」とコマンド入力して、テレビが操作できるかどうかを確認します。操作できない場合、まずは**5.4.1**に戻って、その節の内容が正しく動作することを目指しましょう。また、コマンドではテレビを操作できるがブラウザでは操作できない場合、設定ファイル/etc/webiopi/configに本章で用いるPythonプログラム/usr/share/webiopi/htdocs/bb2/01/script.pyが正しく

設定されているか、169ページの「●**本章で用いるPythonプログラムの読み込み**」に戻って確認してください。さらに、実際に/usr/share/webiopi/htdocs/bb2/01/というディレクトリが存在することも重要です。このディレクトリは、**付録B.5**の冒頭でサンプルファイルからコピーされたものです。WebIOPiの設定を変更するか、/usr/share/webiopi/htdocs/bb2/01/というディレクトリを新たにコピーした場合、WebIOPiを一度停止してから、もう一度WebIOPiを起動してみましょう。その後、図5-16のページをブラウザの再読み込み機能で読み込みなおし、動作を確認してください。

●サンプルの解説

このサンプルを実現しているのは、/usr/share/webiopi/htdocs/bb2/01/ディレクトリにある下記の4つのファイルです。

・HTMLファイル　index.html
・CSSファイル　styles.css
・JavaScriptファイル　javascript.js
・Pythonファイル　script.py

ファイルマネージャでこれらのファイルを表示させているのが次ページの図5-17です。これらのファイルがあるディレクトリにたどり着くには、図中の「親フォルダへの移動」ボタンで最上位階層まで移動し、そこから「usr」→「share」→…とディレクトリをたどります。または、図のアドレス欄に直接「/usr/share/webiopi/htdocs/bb2/01/」を記入して［Enter］

図5-17 ファイルマネージャでのファイルの閲覧

キーを押しても構いません。この4つのファイルの内容を見るには、ファイルマネージャのファイル上で右クリックしてアプリケーションから「アクセサリ」→「Text Editor」と選択するとleafpadでファイルが開かれます。紙面の都合上、これらのファイルすべてについて解説することはできませんが、そのエッセンスをこれから解説します。まず、HTMLファイルindex.htmlでは主にボタンの配置を行っています。テレビの電源ボタンを配置しているのは下記の部分です。

```
<button id="power" onClick="sendCommand('TV'
, 'power')">電源</button>
```

「電源」という日本語が見えますが、これがボタン上に記される文字です。ボタン「power」に名前（id）をつけているのですが、これは148～149ページの表5-2でつけた名前と同じものをつけています。別の名前をつけるよりは混乱が少ないと考えたためです。この名前は、ボタンの色などを指定する際に

CSSファイルstyles.cssから参照されています。

また、「onClick="sendCommand('TV', 'power')"」の部分は「ボタンが押されたらsendCommand関数に'TV'、'power'という引数を渡して実行する」という意味になります。sendCommand関数はjavascript.js内で定義されていますが、それに渡す引数'TV'、'power'はそれぞれ**5.3.1**および表5-2で決めた信号のグループ名とボタンの名前であることに注意してください。

次に、JavaScriptと呼ばれる言語で書かれたプログラムjavascript.jsの中を見ると、下記のようなsendCommand関数の定義があります。コメントにあるように、渡された引数group（ボタンのグループ）とcommand（ボタンの種類）をそのままscript.py内で定義されているsendCommand関数に渡していることがわかります。上で見たテレビの電源ボタンの場合、group、commandはそれぞれ'TV'、'power'に対応します。

```
function sendCommand(group, command){
    // script.py内のsendCommand関数を実行。
    webiopi().callMacro("sendCommand", [group, command]);
}
```

最後に、Pythonで書かれたプログラムscript.pyを見てみましょう。script.py内ではsendCommand関数はJavaScriptから呼び出すことのできるマクロとして定義されており、下記のように定義されています。

```
# 自作のマクロ。JavaScriptから呼ぶことができる
```

```
@webiopi.macro
def sendCommand(group, command):
    args = ['irsend', '-#', '1', 'SEND_ONCE', group, command]
    subprocess.Popen(args)
```

 実行される内容は、**5.4.2**で紹介したタクトスイッチでのプログラムとほとんど同じです。JavaScriptから渡されたgroupとcommandを用いてirsendコマンドを実行していることがわかります。

5.4.4 本章を終えた後の後始末

 テレビの操作をコマンド、タクトスイッチ、ブラウザにより実現しました。皆さんがRaspberry Piをこのままテレビのリモコン用として用い続けるのであれば現在の設定のままRaspberry Piを使い続けて構いません。しかし、ここでいったんリモコンとしての利用はやめ、別の章へと学習をすすめるのであれば、自動で起動するソフトウェアを無効化しておく必要があります。

 現状ではRaspberry Piが起動したときにlircdというソフトウェアが自動的に起動されますので、それを止める必要があります。そのためには、下記のコマンドにより/etc/lirc/ディレクトリにあるlircd.confというファイルの名称をlircd.conf.bakなどと変更してしまうのが簡単です。

```
sudo mv /etc/lirc/lircd.conf /etc/lirc/lircd.conf.bak
```

 その後Raspberry Piを再起動すると、lircdは停止してお

り、以後自動では起動しないでしょう。

なお、**5.4.3**で用いたWebIOPiというソフトウェアは、本章の使い方ではRaspberry Piの起動とともに自動起動する設定にはしていませんので、ここで行うべき操作はありません。

5.4.5 複数の家電製品を操作するためのヒント

●複数の家電製品の操作

本章では、テレビを例に取り、Raspberry Piを家電製品のリモコンにする方法を学んできました。テレビ以外の家電製品のリモコンも、プログラムを少し修正すれば、同様の手法で操作できるでしょう（ただし、エアコンは除きます）。

そこまで実現すると、次のステップとしてRaspberry Piで複数の家電製品を操作したくなります。たとえば「テレビとハードディスクレコーダー」や「テレビと室内照明」などです。ここからはそれを実現するためのヒントをいくつか述べます。

●設定ファイルlircd.confの構成

本書で作成した設定ファイルlircd.confは、155ページの図5-10のような構成で、テレビのリモコンの情報をまとめたTVグループだけを含むものでした。もし、「テレビと室内照明」を操作するための設定ファイルを作りたい場合、テレビの設定ファイル「TV」と室内照明の設定ファイル「LIGHT」を別々に作り、それをテキストエディタleafpadで次ページの図5-18のように合体させてから/etc/lirc/lircd.confとすればよいでしょう。それにより、「`irsend SEND_ONCE TV power`」というコマンドでテレビの電源の信号が出力され、「`irsend SEND_ONCE LIGHT power`」というコマンドで室内照明の電源の信号が

```
begin remote
    name  TV
    (中略)
end remote
begin remote
    name  LIGHT
    (中略)
end remote
```

図5-18　2つの機器を操作するための設定ファイル

出力されるようになります。

●赤外線LEDを複数用いる

　もし、テレビと室内照明が全く同じ方向にあれば、Raspberry Piに接続した赤外線LEDをそちらに向ければ両方の機器が操作できるでしょう。しかし、テレビと室内照明は別の方向にあることがほとんどです。本章を実際に体験した方ならわかると思いますが、赤外線LEDからの信号は狭い範囲にしか出力されません。そのため、赤外線LEDをテレビの方向に向けると、室内照明には信号が届かなくなってしまいます。

　この問題を解決するには、Raspberry Piにテレビ用と室内照明用の、2つの赤外線LEDを接続するのがよいでしょう。そのための回路が図5-19であり、それをブレッドボード上に構成したのが図5-20です。この2つの赤外線LEDをそれぞれの機器の方向に向けます。2つの赤外線LEDからは同じ信号

5章 Raspberry Piを家電製品のリモコンにしよう

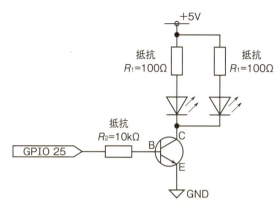

図5-19　2つの赤外線LEDを点灯させる回路

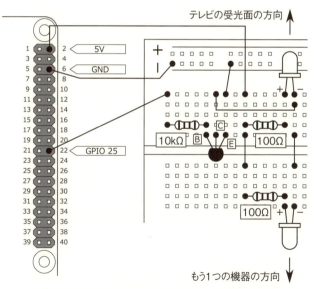

図5-20　2つの赤外線LEDを点灯させる回路の配線図

179

が出力されますが、対象のテレビと室内照明はそれぞれの機器向けの信号にしか反応しないため、正しく動作するというわけです。なお、前ページの図5-19、図5-20のような回路を作成すると、160ページの図5-12の回路に比べて赤外線LEDに流れる電流が小さくなりますので、リモコン信号の届く距離が短くなります。そのままでテレビや室内照明が操作できるなら問題ありませんが、もし距離が足りない場合は10kΩの抵抗R_2を5kΩや2kΩ程度のものに変えてみてください。赤外線LEDに流れる電流が大きくなり、信号が届く距離が長くなります。なお、R_2の抵抗の値を変更する際、下記を満たすことに注意する必要があります。

● 赤外線LEDに流れる電流が、上限（今回用いたものは100mA、ただしOSI3CA5111Aは70mA）を超えないこと
● GPIO 25に流れる電流が8mAを超えないこと

R_2の抵抗の値を5kΩや2kΩに変えてもこれらの条件が満たされていることは確認済みです。

6章 上下左右に動くカメラ台を操作しよう

6.1 本章で必要なもの

本章ではサーボモーターと呼ばれるモーターを2つ用いてものを動かします。作成するものは、Raspberry Pi用のカメラモジュールを搭載するカメラ台です。カメラモジュールの向きを上下、左右に動かすことで見たい方向の映像を表示することができます。

これまでの章と同様に回路作成やプログラミングが必要ですが、本章ではさらにカメラ台を作成する「ものづくり」が必要になります。この部分はタミヤの工作キットなどを用いて可能な限りシンプルに実現しますが、工夫して自分オリジナルのカメラ台を作成しても面白いでしょう。

また、作成するカメラ台は、「タミヤの工作キット」で作成する方法と「SG90サーボ用 カメラマウント A838」で作成する方法の2種類からお好みの方を選択できます。完成状態はそれぞれ次ページの図6-1 (A) と図6-1 (B) ですので、選ぶ際の参考にしてください。

後者のSG90サーボ用カメラマウントA838を用いてカメラ台を作成するメリットとして、「コンパクトに仕上がる」、「完成した状態の耐久性が高い」などが挙げられます。一方、デメリットとしては、「組み立て説明書が付属しない」、「ニッパで加工したりピンバイスで穴を開けたり、という加工が必須」、

図6-1 本章で作成するカメラ台。(A) タミヤの工作キットで作る場合、(B) SG90サーボ用 カメラマウントA838で作る場合

「本書の方法の場合、最終的な出費はカメラマウントA838を用いたほうが高い」などが挙げられます。

本章で用いる回路やプログラムは、どちらのカメラ台に対しても変更なしで動作します。

まず、2つの方法に共通して必要な物品を表6-1にまとめます。

表6-1 本章で必要な物品

物品	備考
Raspberry Pi用カメラモジュール	Raspberry Piを購入した店で購入可能なことが多い
マイクロサーボ SG90	必須。2個用いるが、8章でも6個用いるので多めに購入することを推奨。秋月電子通商の通販コードM-08761など。Amazonでは10個入りも取り扱われている
タミヤ 楽しい工作シリーズ No.157 ユニバーサルプレート（2枚セット）	必須。さまざまなインターネットショップで購入可能。カメラを取り付けるテーブルとして用いる

6章 上下左右に動くカメラ台を操作しよう

物品	備考
タミヤ 楽しい工作シリーズ No.143 ユニバーサルアームセット	必須。さまざまなインターネットショップで購入可能。カメラ台の足としてI形アームを用いる。また、カメラ台をタミヤの工作キットで作成する場合はカメラモジュールを取り付けるアームとしても用いる
スイッチつき単三電池3個用電池ボックス	必須。サーボモーター用電源として用いる。秋月電子通商の通販コードP-02666など
M2×10のねじとナット	必須。カメラモジュールをカメラ台に取り付ける際、およびサーボモーターとタミヤの工作キットを固定する際に用いる。カメラ台にタミヤの工作キットを用いる場合は6本用いる。カメラ台にカメラマウント A838を用いる場合は2本用いる。東急ハンズやAmazonで取り扱われている「八幡ねじ なべ小ねじ M2×10mm P0.4」(10本入り)にはナットやワッシャーも含まれている
ピンバイスと2mmのドリル刃	必須。カメラモジュールを取り付ける穴などをタミヤの工作キットやカメラマウントに開けるために用いる。「タミヤ 精密ピンバイスD 74050」および「タミヤ クラフトツールシリーズ No.49 ベーシックドリル刃セット 74049」などがAmazonなどで取り扱われている
ドライバ	必須。カメラ台の作成に用いる。日曜大工店では複数本のドライバセットが売られている。先の尖ったキリタイプのものが含まれているものを推奨
ニッパ	必須。タミヤの工作キットをカットするときに用いる
M2×8mmタッピングビスとM2ワッシャー	オプション。サーボモーターのサーボホーン(本文で解説)にねじ込むために用いる。マイクロサーボ SG90にも付属しているが、品質が悪いことがあり、こちらを用いると工作が楽になる。楽天などで取り扱われている「エスコ M2×8mmナベ頭タッピングビス」(40本入り)など。ワッシャーは上記の「八幡ねじ なべ小ねじ M2×10mm P0.4」に含まれている
10kΩ〜100kΩ程度の半固定抵抗	オプション。カメラ台を半固定抵抗から操作する場合に2個用いる。スイッチサイエンスの「つまみの大きい半固定抵抗 10KΩ」や秋月電子通商の通販コードP-08012など

物品	備考
12ビットADコンバータ MCP3208-CI/P	オプション。カメラ台をブレッドボード上の半固定抵抗から操作する場合に用いる。秋月電子通商の通販コードⅠ-00238。ピンの配置を読み替えれば、MCP3204-BI/Pでも演習は可能

 以上がカメラ台をタミヤの工作キットを用いて作成する場合に必要な物品です。一方、カメラ台を市販の「SG90サーボ用カメラマウント A838」を用いて作成する場合、表6-1の物品に加え表6-2の物品も追加で購入する必要があります。

表6-2　SG90サーボ用 カメラマウント A838でカメラ台を作成する場合の追加物品

物品	備考
SG90サーボ用 カメラマウント A838	Amazonで左記の名前で検索するとSG90サーボ用の商品が現れる(配送料を除いて500円程度)

 以下で、必要な物品についていくつかコメントします。

6.1.1 Raspberry Pi用カメラモジュール

 図6-2 (A) がRaspberry Pi用カメラモジュールです。市販のPC用Webカメラなどと異なり、基板がむき出しになっていますのでショートさせないよう取り扱いに注意してください。

 取り付ける際はRaspberry Piの電源を切り、マイクロUSBの電源を本体から取り外した状態で行います。「CAMERA」と書かれているコネクタのカバーを押し上げ、図6-2 (A) の端子面がRaspberry PiのmicroSDカードの方を向くようにして端子をさし込み、カバーを押し込んで固定します。通常はこ

6章 上下左右に動くカメラ台を操作しよう

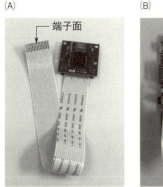

図6-2 (A) Raspberry Pi用カメラモジュール、(B) Raspberry Piに取り付けた様子

の状態にしてから電源を接続するのですが、本章の場合カメラ台の組み立てを先に行いますので、当面の間カメラモジュールはRaspberry Piから取り外しておきましょう。

6.1.2 サーボモーター SG90

カメラの向きを上下左右に動かすため、本書では次ページの図6-3 (A) のようなサーボモーターと呼ばれるモーターを用います。多くの方がご存知のモーターは、車の模型に多く使われるモーター (DCモーター) のように、電池を接続すると回転し続けるものではないかと思います。ここで用いるサーボモーターはそれとは異なり「角度を指定するとその位置で静止する」という性質があるものです。ラジコン前輪の左右の向きを調節したり、ホビー用二足歩行ロボットの関節を動かしたりという用途で用いられます。この2つの例は、「回転し続ける」のではなく「ある角度で静止する」というサーボモーターの性

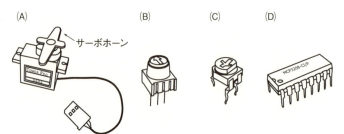

図6-3 (A) サーボモーター SG90、(B)(C) 半固定抵抗、(D) ADコンバータ MCP3208

質に向いていることがわかるでしょう。サーボモーターは、図6-3 (A) のように回転軸にサーボホーンと呼ばれる部品を取り付けて用います。その取り付けには準備が必要なのでここでは取り付けず、後の解説をご覧ください。

6.1.3 10kΩ〜100kΩ程度の半固定抵抗

サーボモーターを取り付けたカメラモジュールの向きを上下左右に動かすため、図6-3 (B) や図6-3 (C) のような半固定抵抗を用います。これは端子を3つ持つ抵抗で、つまみを回転させることで抵抗の大きさを変えることができるものです。図6-3 (B) のタイプのものは手で、図6-3 (C) のタイプのものはドライバで回転させます。どちらかを2つ用い、つまみの角度をカメラモジュールの上下と左右の角度に対応させます。

なお、半固定抵抗の使用はオプションとなっており、これを用いない場合、スマートフォンやPCのブラウザ上でカメラモジュールの向きを変更します。

6.1.4 12ビットADコンバータMCP3208-CI/P

ADコンバータMCP3208は図6-3（D）のような16ピンを持つ回路です。半固定抵抗のつまみの角度を読み取るために用います。

> COLUMN
> **MCP3208-CI/Pを引き抜く際の注意点**
>
> 3章で用いたシフトレジスタと同じく、MCP3208-CI/Pには16本の端子があります。そのため、ブレッドボードから引き抜く際、端子が曲がらないよう真上に引き抜かなければいけません。端子を何度も曲げて折ってしまうと、使用できなくなります。注意しましょう。

6.2　本章で行う内容とその準備

6.2.1 本章で実現する2つの方式

それでは、本章で行う内容を解説しましょう。次ページの図6-4に記されているように、カメラ台を操作する方法として2種類紹介します。両方を試していただいてもよいですし、どちらか一方のみでも構いません。

1つ目の方法では、図6-4（A）のようにブレッドボード上に2つの半固定抵抗を配置し、そのつまみの角度でカメラの向きを調整します。カメラの映像はRaspberry Piに接続したディスプレイに表示します。この方法は、Raspberry Piを一般的なPCとして利用する方式です。

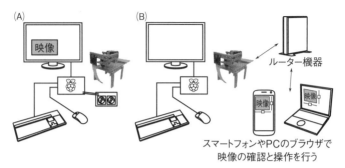

図6-4 カメラ台を操作する2つの方法。(A) ブレッドボード上の半固定抵抗で実現する方法、(B) スマートフォンやPCのブラウザで実現する方法

　もう1つの方法は、図6-4 (B) のようにRaspberry PiをWebサーバにして、カメラの映像の閲覧と、サーボモーターの操作をスマートフォンやPCのブラウザから行うというものです。これは5章でブラウザによりテレビを操作したのと同じ方式です。図のように、閲覧と操作はスマートフォンやPCで行いますので、厳密にはRaspberry Piにディスプレイ、キーボード、マウスを接続する必要はありません。そのために必要な知識を **8.4.4** にまとめますので、興味のある方は本章を読み終えた後に参考にしてください。本章ではこれまで通りディスプレイ、キーボード、マウスを接続したまま図6-4 (B) の状態を実現します。

6.2.2 サーボモーターの利用方法

●サーボモーターの動く範囲とPWM信号

　ここからはカメラ台に用いるサーボモーターの使用方法を解説します。**6.1.2** で述べたようにサーボモーターは「角度を指

定するとその位置で静止する」ものですから、どのようにして角度を指定するかを知る必要があります。

典型的なサーボモーターは、図6-5（A）のように0度を中心として、-90度から+90度までの180度の範囲を動くことができます。この範囲はサーボモーターの種類によって180度より広いものや狭いものがあります。今回用いるSG90は180度よりもやや狭い範囲で動作します。

このサーボモーターに対して、角度に関する情報を図6-5（B）のようにLOWとHIGHを定期的に繰り返す信号で与えます。この信号のうち、HIGHが持続している部分をパルスと呼び、典型的なサーボモーターではパルスが周期20ミリ秒ごとに繰り返される信号を用います。また、この信号は1秒間（1000ミリ秒間）に1000/20=50回パルスを出力します。この回数のことを周波数と呼び、この信号の周波数は50Hz（ヘルツ）である、といいます。

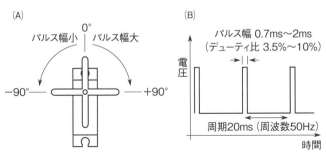

図6-5 （A）典型的なサーボモーターの動作範囲、（B）サーボモーターに与えるPWM信号

●パルス幅で角度を指定

このとき、サーボモーターに指定する角度は図のようにパルスの「幅」で表します。多くの場合、パルス幅0.7ミリ秒から2ミリ秒程度の範囲の幅を用い、0.7ミリ秒が角度−90度、2ミリ秒が角度＋90度になるように指定します。ただし、この対応が逆になっているサーボモーターもあり、その場合0.7ミリ秒〜2ミリ秒が＋90度〜−90度に対応します。今回用いるSG90は後者のタイプです。さらに、このパルス幅の範囲が異なるモーターもあります（たとえば0.7ミリ秒〜2.3ミリ秒など）。そのような場合、プログラムでこの違いに対応させます。なお、パルスの周期に対するパルス幅の比のことをデューティ比と呼びます。周期20ミリ秒の場合、パルス幅0.7ミリ秒のデューティ比は$0.7/20 \times 100 = 3.5\%$、パルス幅2ミリ秒のデューティ比は$2/20 \times 100 = 10\%$です。

以上が、サーボモーターに与えるべき信号です。このようにパルスの幅に情報を載せる信号方式のことをPWM（パルス幅変調、Pulse Width Modulation）と呼びます。また、本書では前ページの図6-5（B）のようにPWMに基づく信号のことをPWM信号と呼びます。

●ハードウェアPWM信号とソフトウェアPWM信号

図6-5で見たように、サーボモーターの角度を指定するには、0.7ミリ秒から2ミリ秒という狭い範囲のパルス幅を正確に制御する必要があります。このパルス幅が正確でないと、サーボモーターの角度を正確に指定できません。そのためには、PWM信号を出力することに特化した専用ハードウェアを用いるのが一般的です。そのように生成された精度の高いPWM信

号のことをハードウェアPWM信号と呼びます。

一方、専用のハードウェアではなく、OSなどが動作するCPU上で生成されたPWM信号のことをソフトウェアPWM信号と呼びます。CPU上ではPWM信号生成以外のさまざまな処理が行われています。たとえばブラウザの表示やPythonで書かれたプログラムの実行などです。そのため、ソフトウェアPWM信号のパルス幅はあまり正確ではないものとなってしまいます。

●Raspberry PiとPWM信号

サーボモーターを動かす際には、精度の高いハードウェアPWM信号を用いるべきです。しかし、初期のRaspberry Piではハードウェア PWM 信号を1つしか出力できませんでした。そのため、精度の低いソフトウェアPWM信号を用いざるを得ないケースが多くありました。ソフトウェアPWM信号はCPUが生成するので、精度の低さに目をつぶれば複数出力できるためです。

一方、2014年7月に発売されたRaspberry Pi Model B+以降では、ハードウェアPWM信号を2つ出力できるよう変更されました。用途によっては2つでも十分とは言えませんが（たとえば8章ではPWM信号を最大8つ必要とします）、本章のように2個のサーボモーターでカメラ台を制御するには都合のよい変更です。以上から、本章ではRaspberry Piが出力する2つのハードウェアPWM信号を用いてカメラ台を制御することにします。

なお、Model B+発売以前のRaspberry Pi Model B（旧Model B）ではハードウェアPWMを1つしか出力できません

ので、本章の内容をそのまま実行することはできません。もし旧Model Bで本章の内容を試したい場合、8章で用いるサーボモーター16個用のサーボドライバーを購入する、というのが現実的です。**付録F**に補足を加えますので、興味のある方は8章と合わせて参考にしてください。

6.2.3 ハードウェアPWM信号を用いるための準備

それでは、Raspberry PiでハードウェアPWM信号を用いるための準備を行いましょう。wiringPiというツールと、それをPythonから利用するためのWiringPi2-Pythonというモジュールをインストールする必要があります。

まずwiringPiのインストールのために、ターミナルで下記のコマンド順に実行します。

(1) `sudo apt-get update`
(2) `sudo apt-get install wiringpi`

(1) でインストールできるパッケージのリストを取得し、(2) でwiringPiをインストールします。

どちらもネットワーク環境によっては終了まで数分かかるかもしれません。

この際、「続行しますか？」や「検証なしにこれらのパッケージをインストールしますか？」と聞かれることがありますので、その場合はそれぞれキーボードの［y］をタイプした後［Enter］キーを押して続行してください。なお、NOOBS 1.4.2以降では、最新版がインストール済みだというメッセージが現れますが、その場合はそのまま先に進んで構いません。

以上が済んだら次のコマンドを順に実行することでWiringPi2-Pythonをインストールします。

(1) `sudo apt-get update`
(2) `sudo apt-get install python-dev python-setuptools`
(3) `sudo apt-get install python3-dev python3-setuptools`
(4) `git clone https://github.com/Gadgetoid/WiringPi2-Python.git`
(5) `cd WiringPi2-Python`
(6) `sudo python setup.py install`
(7) `sudo python3 setup.py install`

(1) はインストールできるパッケージのリストを更新しますので、ネットワークの状態に応じて数分の時間がかかります。(2) と (3) の命令は必要なパッケージをインストールしていますが、やはり数分の時間がかかります。このコマンドを実行するときは、「続行しますか？」や「検証なしにこれらのパッケージをインストールしますか？」と聞かれることがありますので、その場合はキーボードの［y］をタイプした後［Enter］キーを押して続行してください。演習の進め方によってはすでに最新版がインストール済みだというメッセージが現れますが、その場合はそのまま次のコマンドに進んで構いません。
(4) でネットワークからWiringPi2-Pythonをダウンロードしています。(6) ではPythonバージョン2用のインストール、(7) ではPythonバージョン3用のインストールを行っています。(6) は188ページの図6-4 (A) のように半固定抵抗を用いる場合、(7) は図6-4 (B) のようにブラウザを用いる場合に必要となりますが、ここでは両方をインストールしています。

特にこだわりがない場合、皆さんも両方インストールすることをお勧めします。(4)、(6)、(7) はどれも1分程度の時間がかかります。

以上がエラーなく終了すれば必要なツールのインストールは終了です。

6.2.4 サーボモーターへサーボホーンを取り付ける方法

●サーボホーンを取り付ける際の注意

ハードウェアPWM信号を用いることができるようになったので、サーボモーターにサーボホーンを取り付ける方法を学びましょう。サーボホーンとは186ページの図6-3 (A) のようにサーボモーターの回転軸に取り付ける部品です。本章ではこのサーボホーンにさらにタミヤの工作キットを固定することでカメラの向きを動かします。このサーボホーンはいくつかの形状のものが付属しており、選択できるようになっています。どの形状のものを用いるかは次節以降のカメラ台組み立ての解説で知ることができますので、次節と本節を合わせてお読みください。

さて、サーボモーターの回転軸には189ページの図6-5 (A) のように−90度から+90度の状態があります。このとき、回転軸が現在どの角度にあるのかをわかった上で、サーボホーンを取り付けます。多くの場合、回転軸が0度の状態を通常状態と考え、その位置でサーボホーンを必要な向きに取り付けます。そのため、まずはサーボモーターの回転軸を0度の状態にする必要があります。そのためには、サーボモーターに図6-5 (B) のようなPWM信号、特にパルス幅 $(0.7+2)/2 =1.35$ ミリ秒のものを与える必要があります。

6章 上下左右に動くカメラ台を操作しよう

●サーボモーターを0度の位置に動かすための回路

それを実現するための回路が図6-6、プログラムがbb2-06-01-zero.pyです。まずは回路から見てみましょう。サーボモーターには電源、GND、信号の3つの端子があります。PWM信号を与えるのは信号の端子であり、多くの場合白か黄色のケーブルです。SG90では黄色です。今回はハードウェアPWM信号を出力できるGPIO 18に接続します。サーボモーターの「赤と黒」または「赤と茶」の端子は電源とGNDを接続する端子であり、多くのサーボモーターではここに5V程度の電源

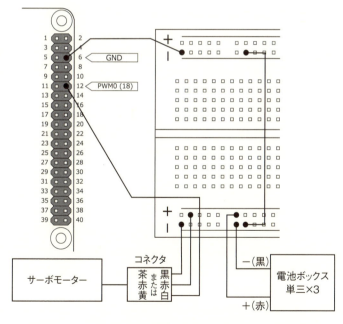

図6-6 サーボモーターを0度の位置に移動させるための回路

195

を接続します。今回、このサーボモーター用の電源として、Raspberry Piの5Vピンからの出力ではなく乾電池3本（4.5V）を用います。その理由は、サーボモーターを含む多くのモーターは回転する際に大きな電流が流れ、Raspberry Piの5Vピンを電源として用いるとRaspberry Piの挙動が不安定になることがあるためです。ただし、電圧を測る基準となるGNDはRaspberry Piと乾電池とで共通にする必要があります。そのため、前ページの図6-6のようにRaspberry PiのGNDピンと乾電池のマイナス極を接続し、共通化しています。

●サーボモーターを0度の位置に動かすためのプログラム

以上で図6-6の回路の意味が理解できました。この状態で**2.4.2**に従い管理者権限のidleを起動し、サンプルプログラムbb2-06-01-zero.pyを開いて実行してみましょう。なお、本章および7章でサーボモーターを動かす際、wiringPiというツールを用いて行います。wiringPiの実行には管理者権限が必要なため、本章のプログラムはどのNOOBSのバージョンをお使いの方でも、管理者権限のidleで実行してください。その方法は**2.4.2**で解説しています。

実行に成功すると、GPIO 18からパルス幅1.35ミリ秒のハードウェアPWM信号が出力されますので、サーボモーターの回転軸が0度で静止します。この状態でサーボホーンを取り付け、短いネジで固定します。どのサーボホーンをどの向きではめ込むかは次節の図6-8（B）と図6-9（A）に記されていますのでご覧ください（201ページ）。

なお、図6-8（B）と図6-9（A）からわかるように、カメラ台の作成のためにはサーボモーター2個にサーボホーンを取り

付ける必要があります。このとき、bb2-06-01-zero.pyを実行したまま、1つめのサーボモーターからジャンパーワイヤを抜いて2つめのサーボモーターに付け替えて構いません。ただしその際、サーボモーターから抜いたジャンパーワイヤをショートさせないよう注意しましょう。

　なお、このプログラムbb2-06-01-zero.pyでは、ハードウェアPWM信号がGPIO 18からだけではなくGPIO 19(ピン番号35)からも出力されていますので、興味がある方は試してみてください。また、プログラムbb2-06-01-zero.pyの内容は、後のカメラ台制御のプログラムが理解できれば容易ですので、ここでの解説は割愛します。

●サーボモーターの動作確認

　サーボホーンを固定できたら、サーボモーターを接続し、サンプルプログラムを実行したまま以下を確認してください。

(1) 電池ボックスのスイッチをOFFにする
(2) サーボホーンを手で回し、0度の位置からずらす
(3) その状態で電池ボックスのスイッチをONにする

　(3)を実行した際、サーボホーンが0度の位置まで自動的に戻ったでしょうか？　それが確認できたらここでのサーボホーンの取り付けは成功です。なお、電池ボックスがONの状態では、サーボホーンの位置は0度で固定されていますので、サーボホーンを手で回すことはできません。

　サーボホーンを取り付けた2つのサーボモーターで上記の確認を行ってください。

以上の確認が終わったら、電池ボックスをOFFにし、プログラムを終了してサーボモーターを回路から取り外しましょう。そして、カメラ台の作成を行います。

● サーボモーターの動作不良について

　以上がサーボモーターの動作確認です。この確認が上手く行かなかった場合、これまでと同様、「195ページの図6-6の回路を正しく作成できていない」、「wiringPiとWiringPi2-Pythonのインストールが正しく行われていない」などの原因が考えられます。また、本章の場合は「idleを管理者権限で起動していない」という原因もあり得ます。

　さらに本章の場合、「サーボモーターSG90の動作不良」も原因の一つとして考えられます。典型的には「プログラムの実行中、サーボモーターの回転軸が常にブルブル震えている」、「電池ボックスをOFFにして手動でサーボホーンを動かしてから電池ボックスをONにしてもモーターが0度の位置に移動しない」などです。筆者の場合、SG90を10個単位で複数回購入していますが、およそ10個に1個くらいの割合で正常動作しないものが含まれるように思います。また、正常動作するものも過酷な環境で長時間動作させると故障しやすい、という話も耳にします。しかし、動作不良や故障の件を考慮してもSG90は十分安いサーボモーターと言えます。これ以外のサーボモーターは1個1000円程度するものが多いです。そのため、「正常動作するもののみを選んで学習用途で使い倒す」くらいの気持ちでSG90を購入して利用するのがよいと筆者は考えます。

　なお、すでに述べたように筆者の経験では動作不良のモーターの割合は10個につき1個程度です。「正常動作するものが1

6章 上下左右に動くカメラ台を操作しよう

つもない」という場合、これはサーボモーターの問題ではなく、回路やインストールの問題と考えられますので、ここまでの手順をよく振り返ってください。

6.3 カメラ台の作成

6.3.1 タミヤの工作キットで作成する場合

サーボホーンの取り付けが終わったら、カメラ台を組み立てましょう。まずはタミヤの工作キットで作成する方法を解説しましょう。

●全体像

全体像を示したのが図6-7です。4本の脚があり、Raspberry

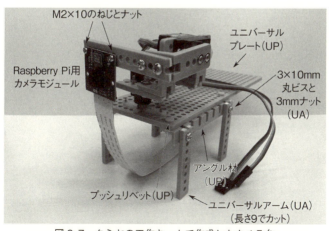

図6-7 タミヤの工作キットで作成したカメラ台

Piにかぶせてまたぐように配置します。パーツ名に付加されている「UP」、「UA」はそれぞれ「ユニバーサルプレート」、「ユニバーサルアーム」に付属するパーツであることを示しています。なお、この構成はRaspberry Piをケースに入れずに使用している際にちょうどRaspberry Piをまたぐことができるように脚を取り付けています。その理由は、カメラモジュールのケーブルが短く、Raspberry Piの上部にカメラ台を設置しないとカメラの向きを上下左右に変更できないためです。なお、Raspberry Piをケースに入れて使用している場合、図中の「アングル材」と「ユニバーサルアーム」の間に横向きのユニバーサルアームを挟み、脚の間隔を広げてください。そうしないと脚がRaspberry Piをまたぐことができません。その場合、脚となるユニバーサルアームの固定には3×10mmではなく3×20mmの丸ビスを用います。

●カメラを取り付けるアーム

　この全体像から、カメラモジュールを取り付けているアームを取り外したのが図6-8です。図6-8（A）が取り外したアームを、図6-8（B）がカメラ台を表しています。図6-8（B）ではカメラを上下に動かすためのサーボモーターとそのサーボホーンを見ることができます。**6.2.4**で学んだように、この状態がサーボモーターの0度の状態になるようモーターを動かしてからサーボホーンを取り付けています。さらに、図6-8（B）では、カメラの向きを左右に動かすためのサーボモーターが、サーボホーンが下向きになるよう、ユニバーサルプレートからなるテーブルに取り付けられていることがわかります。

　図6-9が、サーボモーター2つが取り付けられたユニットを

6章 上下左右に動くカメラ台を操作しよう

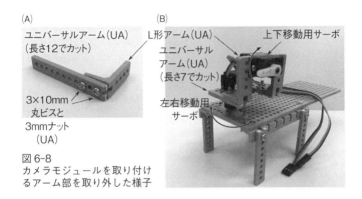

(A) ユニバーサルアーム(UA)(長さ12でカット) / 3×10mm丸ビスと3mmナット(UA)

図6-8 カメラモジュールを取り付けるアーム部を取り外した様子

(B) L形アーム(UA) / ユニバーサルアーム(UA)(長さ7でカット) / 上下移動用サーボ / 左右移動用サーボ

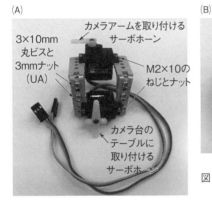

(A) 3×10mm丸ビスと3mmナット(UA) / カメラアームを取り付けるサーボホーン / M2×10のねじとナット / カメラ台のテーブルに取り付けるサーボホーン

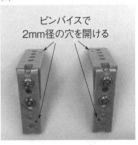

(B) ピンバイスで2mm径の穴を開ける

図6-9 サーボモーター2つの取り付け法

テーブルから取り外した様子です。

● サーボモーターとタミヤ工作キットの固定

　以上、199ページの図6-7から図6-9を見るとこのカメラ台がどのようなパーツで構成されているか、わかると思います。ただし、サーボモーターとタミヤの工作キットとを固定する方

法はこれらの図だけではわかりません。実際にサーボモーターにタミヤの工作キットのパーツを当ててみるとわかりますが、タミヤの工作キットに開けられた穴とサーボモーター固定用の穴とでは位置が合わず、これらの穴を用いて固定することはできません。そのため、タミヤの工作キットにピンバイスで2mm径の穴を開け、その穴を利用して2mmのねじ（M2×10）で固定する必要があります。M2×10のねじは表6-1（183ページ）に示したように別途購入する必要があります。開けるべき穴は、前ページの図6-9（B）に示す4ヵ所です。図6-9（A）も合わせてご覧になると、この穴がサーボモーター固定用にどのように利用されているかがわかるでしょう。

タミヤ工作キットにピンバイスで穴を開けるには、まずどの位置に穴を開けるかの目星をつける必要があります。そのためには、たとえば図6-10（A）のようにサーボモーターに対して固定したい位置にタミヤ工作キットを当て、穴を開けたい位置にキリタイプのドライバでタミヤ工作キットに凹みをつけると

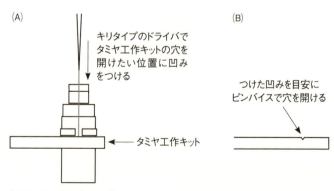

図6-10　タミヤの工作キットにキリタイプのドライバで凹みをつける

6章　上下左右に動くカメラ台を操作しよう

よいでしょう。このとき、キリタイプのドライバに強い力をかける必要はありません。穴を開けたい位置を凹ませるだけですので、軽い力で十分です。そしてその後、図6-10（B）のように凹み部を目指してピンバイスで穴を開けましょう。

●サーボホーンとタミヤ工作キットの固定

　最後に、サーボホーンとタミヤ工作キットの固定方法を図6-11に記しました。これは、201ページの図6-8（A）のアームを図6-8（B）のサーボホーンに取り付ける方法を示しています。この場合、タミヤ工作キットに初めから開いている穴をそのまま利用できます。このとき、タミヤ工作キットを挟んだ状態で「タッピングビス」というビスをサーボホーンにねじ込んでいきます。タッピングビスはサーボモーターに付属します

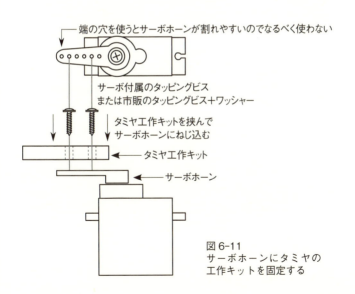

図6-11
サーボホーンにタミヤの工作キットを固定する

が、表6-1（183ページ）で記したように品質が悪いとなかなかサーボホーンにねじ込むことができず、過剰に力をかけた結果、怪我をしてしまうこともあります。そのような場合、表6-1に示した別売りのタッピングビスを用いるとより楽に工作ができますので、検討してみるとよいでしょう。なお、ねじ込むサーボホーンの穴として、端の穴を用いるとサーボホーンが割れてしまうことがあるので、なるべく端から2番目以降の穴を用いましょう。

6.3.2 SG90サーボ用 カメラマウント A838を用いる場合

この項ではSG90サーボ用 カメラマウント A838を用いてカメラ台を作成する際の注意を解説します。キットではありますが、ニッパやピンバイスを用いた工作は必須ですので注意してください。そのため、「市販のキット」と考えるよりは「自分で加工するための素材」と考えるのがよいでしょう。

全体像を示したのが図6-12です。黒いパーツ部分がカメラマウント A838になります。カメラを設置するテーブル部はタミヤの工作キットで作成する場合（199ページの図6-7）と同じです。4本脚でRaspberry Piをまたいで設置できるよう構成しています。Raspberry Piをケースに入れて使用している場合、**6.3.1**を参考に脚の間隔を広げてください。

カメラマウント A838の部分のみを取り外したのが図6-13です。まず、図6-13（A）のようにカメラモジュールを取り付けるためにピンバイスで2mm径の穴を2つ開ける必要があります。

サーボモーターの位置関係がわかりやすいよう横向きに置いたのが図6-13（B）です。上下方向用のサーボモーターに取り付けるサーボホーンは、カメラマウントの枠にはめるためにニ

ッパで切り揃えなければならない場合があります。また、カメラ取り付け部の板も不要なのでニッパで切り落としていることがわかります。

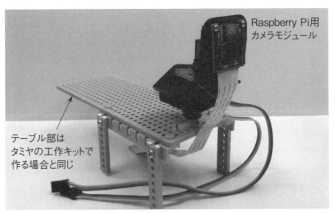

図 6-12 SG90 サーボ用 カメラマウント A838 で作成したカメラ台

(A) (B)

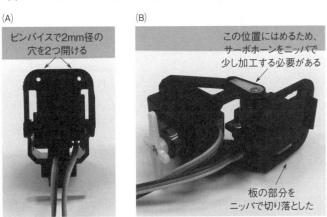

図 6-13 SG90 サーボ用 カメラマウント A838 のみを取り外した様子

6.4 カメラモジュールの有効化

　前節でタミヤの工作キットまたはSG90サーボ用 カメラマウント A838を用いたカメラ台が完成しました。これを動かすための準備として、カメラモジュールのRaspberry Piへの接続、およびカメラモジュールの有効化を行いましょう。

　まず、**6.1.1**を参考にカメラモジュールをRaspberry Pi本体に接続します。本体から電源を外した状態で行うのでしたね。

　次に、Raspbianでカメラモジュールを有効化します。その方法はお使いのNOOBSのバージョンにより異なります。

　NOOBS 1.4.2以降に含まれるRaspbianをお使いの方は、メニューから「設定」→「Raspberry Pi Configuration」を選んで起動した設定アプリケーションで「Interfaces」タブを選択し、「CAMERA」の項目を「Enable」にしてください。「OK」ボタンで設定アプリケーションを終了すると再起動(reboot)を英語で促されますので、再起動します。

　NOOBS 1.4.1またはそれ以前のバージョンをお使いの方は、ターミナルを起動し、コマンド`sudo raspi-config`を実行して設定画面を起動します。**付録G**で解説したキー操作により、「5. Enable Camera」→「Enable」とたどってカメラモジュールを有効にしてください。有効にするとRaspberry Piの再起動(reboot)を促されますので、そのまま「はい」を選択して再起動してください。

　以上でカメラモジュールの有効化は完了です。この手順を一度行えば以後カメラモジュールは有効であり続けます。後にカメラモジュールを外すときも、有効にしたままで構いません。

6.5 半固定抵抗によるカメラ台の操作

ここからは作成したカメラ台をRaspberry Piを用いて動かしてみましょう。まず本節では、188ページの図6-4（A）のようにブレッドボード上の半固定抵抗でカメラの向きを操作し、Raspberry Piに接続したディスプレイ上で映像を確認する方法を試します。ブラウザを用いる図6-4（B）の方法は**6.6**で試します。

6.5.1 半固定抵抗を用いた回路

ここで半固定抵抗の利用法について簡単に解説しておきましょう。半固定抵抗は3つの端子を持つ抵抗であり、ここでは両端の端子を図6-14のように3.3VとGNDに接続します。その状態で半固定抵抗のつまみを回すと、中央の端子からは図に記したようにつまみの位置に応じて0V～3.3Vの電圧が出力さ

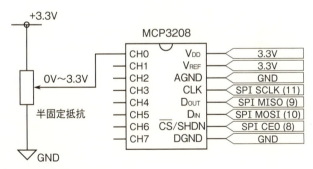

図6-14 半固定抵抗の端子の電圧をADコンバータMCP3208で読む

れます。これをRaspberry Piで読み取るために、MCP3208という12ビットのADコンバータ（AD変換器）を用います。これは、0Vから3.3Vの電圧を0から4095の整数値に変換し、Raspberry Piに送る働きをします。

得られた0から4095の整数値を、カメラ台に接続されたサ

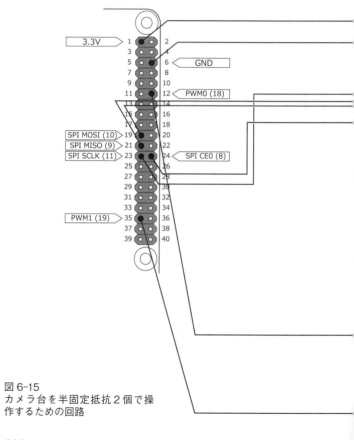

図6-15
カメラ台を半固定抵抗2個で操作するための回路

6章 上下左右に動くカメラ台を操作しよう

ーボモーターの角度に対応させます。サーボモーターは2つ用いられていますので、半固定抵抗も2つ必要になります。

2つのサーボモーターを半固定抵抗で動かすための回路をブレッドボード上に構成したのが図6-15です。ADコンバータの使用するピン数が多いため、やや複雑な回路になっています

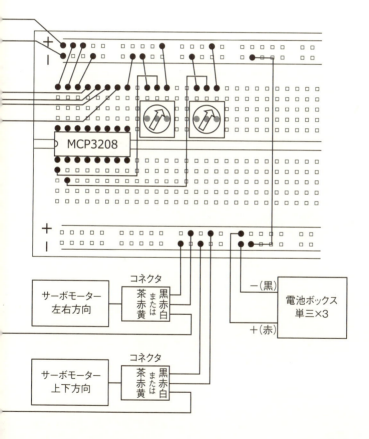

ので注意して作成しましょう。ブレッドボードの下側にある＋－のラインは乾電池3本の電池ボックスを接続するために用い、その－ラインとブレッドボード上側の－ラインとをGNDとして共通化させていることに注意してください。これはサーボモーターを0度に合わせるために用いた195ページの図6-6と同じです。

2つのサーボモーターへ加えるハードウェアPWM信号を出力するためのピンとしてGPIO 18とGPIO 19を用いています。Raspberry Piで2つのハードウェアPWM信号を出力できるのは、1つ目がGPIO 18かGPIO 12、2つ目がGPIO 19かGPIO 13に限定されていますので注意しましょう（43ページの図2-5）。

6.5.2 サーボモーター制御用プログラムの実行

それではいよいよプログラムを実行してみましょう。サンプルファイルに含まれるbb2-06-02-pantilt.pyを**2.4.2**に従い管理者権限のidleで読み込んで実行してください。先ほどと同様、wiringPiを用いますので、どのNOOBSのバージョンを用いている方でも管理者権限が必要です。左側の半固定抵抗を動かすとカメラの向きが左右に、右側の半固定抵抗を動かすとカメラの向きが上下に動くことが確認できるはずです。もしカメラが動かなければ、208〜209ページの図6-15の回路が正しく作られているか確認してください。電池ボックスがオンになっていることも確認しましょう。

なお、このプログラムだけではカメラの映像が表示されません。そこでbb2-06-02-pantilt.pyを動作させたまま、カメラの映像をディスプレイに表示するコマンドを実行してみましょ

6章 上下左右に動くカメラ台を操作しよう

う。ターミナルを起動し、下記のコマンドを実行しましょう。

```
raspivid -t 0 -w 640 -h 480 -p 150,150,640,480
```

このコマンドは、カメラモジュールからの映像をディスプレイ上に表示するためのものです。数値は下記のような意味があります。

-t 0：タイムアウトをなくします。すなわち、映像が画面に
　　　映り続けます
-w 640 -h 480：カメラから横640、縦480の映像を取得します
-p 150,150,640,480：カメラからの映像を、画面の左上から
　　　　　　　　　　横150、縦150の位置に640×480の大
　　　　　　　　　　きさで表示します

さて、上記のコマンドを実行すると、カメラモジュールの基板上のLEDが赤く点灯し、ディスプレイ上に図6-16のようにカメラの映像が表示されます。カメラが動作しない場合、「カ

図6-16　ディスプレイにカメラからの映像が表示された様子

メラがRaspberry Piに正しく接続されていない」、「Raspbianでカメラモジュールが有効化されていない」などの問題が考えられますので、**6.1.1**および**6.4**を参考に問題を解決してください。

以上で、半固定抵抗によるカメラ台操作の動作確認は終了です。次項からはプログラムの解説を行いますので、動作確認を優先したい方はサンプルプログラムbb2-06-02-pantilt.pyと映像用プログラムraspividを終了した上で、**6.6**のブラウザによる操作の解説に進んでいただいて構いません。raspividを終了するためには、ターミナル上でCtrl-cを実行します。

6.5.3 プログラムの解説：サーボモーターの制御

それでは、半固定抵抗でカメラ台を動かすプログラムbb2-06-02-pantilt.pyの解説を行います。このプログラムは下記のような内容になっています。

```
1  # -*- coding: utf-8 -*-
2  import RPi.GPIO as GPIO
3  from time import sleep
4  import wiringpi2 as wiringpi
5
6  # MCP3208からSPI通信で12ビットのデジタル値を取得。0から7の8チャンネル使用可
7  def readadc(adcnum, clockpin, mosipin, misopin, cspin):
8      if adcnum > 7 or adcnum < 0:
9          return -1
10     GPIO.output(cspin, GPIO.HIGH)
```

```python
11      GPIO.output(clockpin, GPIO.LOW)
12      GPIO.output(cspin, GPIO.LOW)
13
14      commandout = adcnum
15      commandout |= 0x18  # スタートビット+シングルエンドビット
16      commandout <<= 3    # LSBから8ビット目を送信するようにする
17      for i in range(5):
18          # LSBから数えて8ビット目から4ビット目までを送信
19          if commandout & 0x80:
20              GPIO.output(mosipin, GPIO.HIGH)
21          else:
22              GPIO.output(mosipin, GPIO.LOW)
23          commandout <<= 1
24          GPIO.output(clockpin, GPIO.HIGH)
25          GPIO.output(clockpin, GPIO.LOW)
26      adcout = 0
27      # 13ビット読む(ヌルビット+12ビットデータ)
28      for i in range(13):
29          GPIO.output(clockpin, GPIO.HIGH)
30          GPIO.output(clockpin, GPIO.LOW)
31          adcout <<= 1
32          if i>0 and GPIO.input(misopin)==GPIO.HIGH:
33              adcout |= 0x1
34      GPIO.output(cspin, GPIO.HIGH)
35      return adcout
36
37  def getServoDutyHw(id, val):
```

```python
38      val_min = 0
39      val_max = 4095
40      # デューティ比0%を0、100%を1024として数値を入力
41      servo_min = 36    # 50Hz(周期20ms)、デューティ比3.5%:
   3.5*1024/100=約36
42      servo_max = 102   # 50Hz(周期20ms)、デューティ比10%:
   10*1024/100=約102
43      if id==1:
44          servo_min = 53
45          servo_max = 85
46
47      duty = int((servo_min-servo_max)*(val-val_min)/(val_max-val_min) + servo_max)
48      # 一般的なサーボモーターはこちらを有効に
49      #duty = int((servo_max-servo_min)*(val-val_min)/(val_max-val_min) + servo_min)
50      return duty
51
52  GPIO.setmode(GPIO.BCM)
53  # ピンの名前を変数として定義(AD変換用)
54  SPICLK = 11
55  SPIMOSI = 10
56  SPIMISO = 9
57  SPICS = 8
58  # PWM用ピン
59  PWM0 = 18
60  PWM1 = 19
```

```python
61
62 # SPI通信用の入出力を定義
63 GPIO.setup(SPICLK, GPIO.OUT)
64 GPIO.setup(SPIMOSI, GPIO.OUT)
65 GPIO.setup(SPIMISO, GPIO.IN)
66 GPIO.setup(SPICS, GPIO.OUT)
67
68 # wiringPiによるハードウェアPWM
69 wiringpi.wiringPiSetupGpio() # GPIO名で番号を指定する
70 wiringpi.pinMode(PWM0, wiringpi.GPIO.PWM_OUTPUT) # 左右方向PWM出力を指定
71 wiringpi.pinMode(PWM1, wiringpi.GPIO.PWM_OUTPUT) # 上下方向PWM出力を指定
72 wiringpi.pwmSetMode(wiringpi.GPIO.PWM_MODE_MS) # 周波数を固定するための設定
73 wiringpi.pwmSetClock(375) # 50 Hz。18750/(周波数)の計算値に近い整数
74 # PWMのピン番号とデフォルトのパルス幅をデューティ100%を1024として指定
75 # ここでは6.75%に対応する69を指定
76 wiringpi.pwmWrite(PWM0, 69)
77 wiringpi.pwmWrite(PWM1, 69)
78
79 adc_pin0 = 0
80 adc_pin1 = 1
81
82 try:
```

```
83      while True:
84          inputVal0 = readadc(adc_pin0, SPICLK, SPIMOSI, SPIMISO, SPICS)
85          duty0 = getServoDutyHw(0, inputVal0)
86          wiringpi.pwmWrite(PWM0, duty0)
87
88          inputVal1 = readadc(adc_pin1, SPICLK, SPIMOSI, SPIMISO, SPICS)
89          duty1 = getServoDutyHw(1, inputVal1)
90          wiringpi.pwmWrite(PWM1, duty1)
91
92          sleep(0.2)
93
94  except KeyboardInterrupt:
95      pass
96
97  GPIO.cleanup()
```

プログラム 6-1　サーボモーター2個を半固定抵抗2個で制御するプログラム

　非常に長いプログラムですが、全体の構造は関数を含む58ページの図2-15（B）のようなものになっています。関数readadcはACコンバータから値を取得するための関数です。今回の場合は207ページの図6-14のように、半固定抵抗の電圧の読み取り結果を0〜4095の整数値で返す関数である、という点がわかっていれば十分です。関数readadcは初心者には難しい内容を含んでいるので、理解は後回しにしてまずは使っ

6章 上下左右に動くカメラ台を操作しよう

てみるという方針をとります。

そこで、関数readadcの解説は省略し、PWM信号を生成するwiringPiの利用法を中心に解説します。

● wiringPiモジュールでPWM信号を生成するための初期設定

まず、インストールしたwiringpi2パッケージをwiringpiという名前で用いるためのimport文が下記です。

```
import wiringpi2 as wiringpi
```

また、PWM信号を出力するピンであるGPIO 18とGPIO 19を下記のように変数で定義します。

```
# PWM用ピン
PWM0 = 18
PWM1 = 19
```

そして、PWM信号を生成するために、まず次の命令を実行します。GPIO名で番号を指定するための命令であり、GPIOモジュールの「GPIO.setmode(GPIO.BCM)」と同じです。

```
wiringpi.wiringPiSetupGpio()
```

次に、PWMを出力するピンとしてGPIO 18（PWM0）とGPIO 19（PWM1）を指定します。上で定義した変数PWM0とPWM1を使っていますね。

```
wiringpi.pinMode(PWM0, wiringpi.GPIO.PWM_OUTPUT)
wiringpi.pinMode(PWM1, wiringpi.GPIO.PWM_OUTPUT)
```

　wiringPiではデューティ比を変更すると、周波数も同時に変更されてしまいます。周波数を固定し、デューティ比のみを変更するために下記の命令を実行します。

```
wiringpi.pwmSetMode(wiringpi.GPIO.PWM_MODE_MS)
```

　次に、周波数50Hz（周期20ms）のPWM信号を生成するために以下の命令を実行します。カッコ内に与える引数は、18750/（周波数）の計算値に近い整数を入れます（18750/50は375です）。

```
wiringpi.pwmSetClock(375)
```

　最後に、GPIO 18とGPIO 19から、指定したデューティ比のPWM信号を出力するための命令を実行します。ここで指定している69という整数は、デューティ比69%を表すわけではないので注意が必要です。

```
wiringpi.pwmWrite(PWM0, 69)
wiringpi.pwmWrite(PWM1, 69)
```

　wiringPiでのデューティ比は、0%を0、100%を1024という数値で表します。そのため、デューティ比D%の信号を生成したければ、

6章 上下左右に動くカメラ台を操作しよう

D×1024/100

の計算結果をpwmWrite関数の2番目の引数として指定します。

6.75%×1024/100 = 69.12

のため、69という整数値はデューティ比約6.75%を表します。これは189ページの図6-5に記されている3.5%と10%のちょうど中間の値ですので、図のようにサーボモーターの0度の位置を指定したPWM信号になります。

なお、ここまでの内容はサーボモーターを0度に合わせるためにすでに用いたプログラムbb2-06-01-zero.pyと同じですので、興味のある方はbb2-06-01-zero.pyの内容を見直してください。bb2-06-01-zero.pyはAD変換用の関数の定義がないので理解しやすいプログラムになっています。

● ADコンバータからの値の取得

次に、ADコンバータから値を取得する部分の解説を行います。今回、半固定抵抗を2つ接続し、それぞれ左右移動用、上下移動用に用いています。2つの半固定抵抗の値を読み取るため、それぞれの出力をADコンバータのCH0、CH1に接続しています（207ページの図6-14および208～209ページの図6-15）。それらのチャンネルの番号（0と1）を下記のように変数で定義しています。

```
adc_pin0 = 0
adc_pin1 = 1
```

そして、CH0から値を取得しているのは、下記の行です。while文の内部なので、何度も繰り返し値が取得されます。なお、SPICLK、SPIMOSI、SPIMISO、SPICSはAD変換に用いるピン番号を表す変数であり、それぞれ変数定義部で定義されています。この命令により、inputVal0には半固定抵抗のつまみの位置に応じて0から4095の値が格納されます。

```
inputVal0 = readadc(adc_pin0, SPICLK, SPIMOSI,
SPIMISO, SPICS)
```

●半固定抵抗のつまみ位置に応じたデューティ比の指定

半固定抵抗のつまみから読み取ったinputVal0からデューティ比を計算するために、getServoDutyHw(id, val)という関数を実装しています。idは左右移動用（id=0）と上下移動用（id=1）で処理を分けるために定義した変数です。左右方向の移動の場合、これを用いて下記のようにデューティ比を設定しています。

```
duty0 = getServoDutyHw(0, inputVal0)
wiringpi.pwmWrite(PWM0, duty0)
```

getServoDutyHw(id, val)の定義は下記のようになっています。0（val_min）から4095（val_max）の値をデューティ比3.5%から10%に変換しているのですが、wiringPiではこれらの値を最大値1024に補正して指定しますので、3.5×1024/100=約36（servo_min）、10×1024/100=約102（servo_max）の範囲の値に変更します。

なお、上下方向のサーボモーターの場合（id=1）、サーボモーターの範囲をフルに使うと、カメラを取り付けるアームがカメラ台のテーブルにぶつかるなどの問題が起こりますので、サーボモーターの動く範囲を36〜102から53〜85に狭めています。どちらも中心が69になるように範囲を決めました。

```
def getServoDutyHw(id, val):
    val_min = 0
    val_max = 4095
    # デューティ比0%を0、100%を1024として数値を入力
    servo_min = 36    # 50Hz(周期20ms)、デューティ比3.5%: 3.5*1024/100=約36
    servo_max = 102   # 50Hz(周期20ms)、デューティ比10%: 10*1024/100=約102
    if id==1:
        servo_min = 53
        servo_max = 85

    duty = int((servo_min-servo_max)*(val-val_min)/(val_max-val_min) + servo_max)
    # 一般的なサーボモーターはこちらを有効に
    #duty = int((servo_max-servo_min)*(val-val_min)/(val_max-val_min) + servo_min)
    return duty
```

以上で、半固定抵抗でサーボモーターを動かすプログラムの解説が終わりました。

6.6 スマートフォンやPCのブラウザによるカメラ台の操作

本章の最後に、作成したカメラ台を188ページの図6-4（B）のようにスマートフォンやPCのブラウザから操作してみましょう。**6.5**で半固定抵抗による操作を試した方は、そこで用いたサンプルプログラムbb2-06-02-pantilt.pyと映像表示用コマンドraspividを終了した上で以下に進みましょう。

図6-4（B）の実現のためには、下記の2つの機能が必要になります。

- カメラモジュールからの映像をブラウザに配信する
- ブラウザから送信された命令を受け取り、カメラの向きを動かす

これら2つの機能を本章ではそれぞれ異なるソフトウェアで実現します。配信についてはmjpg-streamerというソフトウェアで、カメラの向きを動かすのは**5.4.3**でも用いたWeb IOPiというソフトウェアを使います。まずはそれぞれのインストールや起動の方法を解説していきます。

6.6.1 mjpg-streamerのインストールと起動

● mjpg-streamerのインストール

まず、映像配信に用いるmjpg-streamerをインストールします。ターミナルを新規に起動して、下記のコマンドを順番に実行していきます。

(1) `sudo apt-get update`

6章 上下左右に動くカメラ台を操作しよう

(2) `sudo apt-get install libjpeg8-dev cmake`
(3) `git clone https://github.com/jacksonliam/mjpg-streamer.git`[*7]
(4) `cd mjpg-streamer/mjpg-streamer-experimental`
(5) `make`
(6) `cd`
(7) `sudo mv mjpg-streamer/mjpg-streamer-experimental /opt/mjpg-streamer`[*7]

(1)、(2) はインストールに必要なライブラリやツールをあらかじめインストールしています。(2) を実行したあと、「続行しますか[Y/n]？」や「検証なしにこれらのパッケージをインストールしますか？」と質問されたら［y］をタイプした後［Enter］キーを押して続行します。(3) はアプリケーションのソースコードのダウンロード、(4) はディレクトリの移動で、(5) で実際にアプリケーションのビルドが行われます。1分程度で終わります。(6) はホームディレクトリに移動するためのコマンドで、最後の (7) はビルドされたファイルをシステム領域に移動しています。

なお、インストールの失敗などにより、これらのコマンドをもう一度実行しようという場合、(7) の実行の前に以下の (7-0) の命令を実行して過去のファイルを削除する必要がありますので注意してください。

(7-0) `sudo rm -r /opt/mjpg-streamer`

[*7]紙面スペースの都合、コマンド (3) と (7) は複数行になっています。本来1行のもので、途中に改行は入りません。

●mjpg-streamerの起動と動作確認

mjpg-streamerをインストールできたら、起動して動作確認してみましょう。ターミナルを新規で起動して、下記のコマンドを実行しましょう。画面にさまざまなメッセージが表示され、mjpg-streamerが起動します。

```
sh bb2-06-03-stream.sh
```

もし、**付録A**でサンプルファイルをbluebacksディレクトリに保存した場合、`cd bluebacks`コマンドを実行し、bluebacksディレクトリに移動してから上記コマンドを実行してください。

実行できたら、スマートフォンやPCのブラウザで下記のアドレスにアクセスしてください。IPアドレスは皆さんのRaspberry Piに割り当てられたものに読み替えてください。IPアドレスの調べ方は、**付録B.4**にて解説されています。「http://」を省略しないよう注意しましょう。ポート番号がいつもと異なり9000になっていることにも注意してください。

http://192.168.1.3:9000/

図6-17のような画面が現れれば、mjpg-streamerのインストールと起動に成功しています。「Javascript」というリンクをクリックすると実際の映像を見ることができます。確認したらmjpg-streamerを動作させたまま次項に進みます。

なお、mjpg-streamerによる映像配信を停止したい場合、Raspberry Piを再起動してしまうのが一番簡単です。もう一

6章 上下左右に動くカメラ台を操作しよう

図6-17 mjpg-streamerの動作確認画面

つの方法としては、ターミナルでコマンド「`ps ax | grep mjpg`」を実行し、得られたプロセスIDに対して「kill プロセスID」を実行する、というものがあります。**付録B.3**でも類似の方法が解説されていますので、参考にしてください。

6.6.2 WebIOPiのインストールと設定

●WebIOPiのインストールと設定

カメラ台のサーボモーターをブラウザから操作するには、**5.4.3**でブラウザをテレビのリモコンにしたときと同じく、WebIOPiというソフトウェアを使います。

WebIOPiのセットアップや設定の方法は**付録B**にまとめられています。まずは**付録B**に進み、WebIOPiのインストールと設定を済ませてから、下記に進みましょう。なお、WebIOPiを利用するにはお使いのネットワーク機器に制限があります。たとえば、スマートフォンのブラウザを用いる場合お使いのルーター機器がWifiに対応している必要がある、などです。**付録B**ではそのような制限についても詳しく記述しておりますので、よく読んで確認してください。

●PythonプログラムのWebIOPiでの読み込み

付録BでWebIOPiの起動とスマートフォンやPCからのアクセスが可能なことを確認できたら、プログラムを実行する準備を行いましょう。

まず、回路は図6-18を用います。この回路は半固定抵抗を

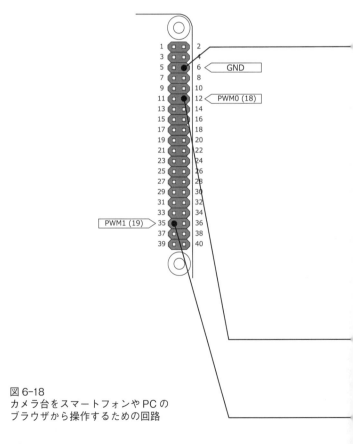

図6-18
カメラ台をスマートフォンやPCの
ブラウザから操作するための回路

6章 上下左右に動くカメラ台を操作しよう

用いた208〜209ページの図6-15の回路から、ADコンバータと半固定抵抗に関する部分を取り除いたものです。本節でカメラ台を初めて操作するという方はこの回路を作成しましょう。もし、前節で半固定抵抗を用いてカメラ台を操作したという方は、その際に用いた図6-15の回路のままでも構いません。そ

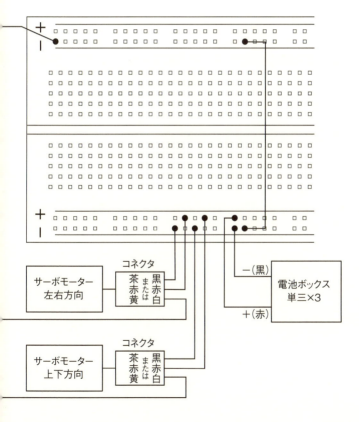

の場合、ADコンバータや半固定抵抗は「回路上にあるが使われない」という扱いになります。

作成した回路をブラウザで制御するためには、**付録B.5**でコピーしたサンプルに含まれている /usr/share/webiopi/htdocs/bb2/02/ ディレクトリ内にあるPythonプログラム**script.py**を用います。以下のように設定ファイルを編集してこの演習用のPythonプログラムを読み込むよう設定してからWebIOPiを起動しましょう。

まず、**付録B.5**で学んだように、ターミナルで下記のコマンドを実行し、設定ファイル/etc/webiopi/configを管理者権限のleafpadで開きます。このとき、ターミナルにいくつか警告が表示されることがありますが、気にしなくても構いません。

```
sudo leafpad /etc/webiopi/config
```

この中のSCRIPTSセクションに、下記の1行を追加します。

```
#myscript = /home/pi/webiopi/examples/scripts/macros/script.py
myscript = /usr/share/webiopi/htdocs/bb2/02/script.py
```

1行目がもとからある行、2行目が追加した行です。この設定ファイルでは先頭に「#」がついた行はコメントとして無視されますので、もとからある行は記入例を示した行です。それにならい、「#」のつかない行を追加して、本項のPythonプログラムを読み込むよう指定しています。なお、**5.4.3**を試した方はそこで追加した行がさらにあると思いますが、その行の先頭にも「#」を追加し、「#」のつかない行が今回の1行だけに

なるようにしてください。追加したら保存してからleafpadを閉じ、先に進みます。

6.6.3 WebIOPiの起動と動作確認

●WebIOPiの起動

それでは**付録B.3**で学んだように、WebIOPiを起動しましょう。まず「`ps ax | grep webiopi`」コマンドでWebIOPiがすでに起動していないか確認してから、NOOBS 1.4.2以降を用いている方は「`sudo systemctl start webiopi`」コマンドで起動し、NOOBS 1.4.1またはそれ以前のバージョンを用いている方は「`sudo /etc/init.d/webiopi start`」コマンドで起動してください。すでにWebIOPiが起動されていた場合、NOOBS 1.4.2以降の場合は「`sudo systemctl stop webiopi`」コマンドで停止し、NOOBS 1.4.1またはそれ以前のバージョンを用いている方は「`sudo /etc/init.d/webiopi stop`」コマンドで停止してからWebIOPiを起動しなおしましょう。

●動作確認

動作確認するために、PCやスマートフォンのブラウザで下記のアドレスにアクセスしてください。IPアドレスは皆さんのRaspberry Piに割り当てられたものに読み替えてください。また、**付録B.4**で学んだように「http://」を省略しないことに注意してください。今回はさらに、末尾の「/」（スラッシュ）も忘れずに記述するよう注意してください。このスラッシュを記述しないと、プログラムが正しく読み込まれません。

http://192.168.1.3:8000/bb2/02/

正しくページが開かれると、図6-19のようなページが現れます。設定によってはパスワードを聞かれますので、**付録B.4**で学んだように入力してください。デフォルトではユーザー名は「webiopi」、パスワードは「raspberry」でしたね。このページにアクセスできないときは、「ネットワーク構成が正しいか」、「IPアドレスが正しいか」、「WebIOPiが起動されているか」をチェックしてください。

図6-19はあるタブレットデバイスでの画面です。PCのブラウザでもおおむね同様のページを閲覧できるはずです。見ての通り、映像の下と右にスライダーがあり、それぞれカメラ台を左右、上下に動かすことができますので試してみてください。もし、スマートフォンを縦に持ったときに上下方向のスライダーが画面の横に配置されない場合、ブラウザを再読み込みするか、スマートフォンを横に持ってお使いください。

本章の残りはこの動作を実現させているプログラムの解説になります。ここで動かした映像配信用ソフトウェアmjpg-streamerとウェブサーバWebIOPiを終了したい場合、

図6-19　あるタブレットでの操作画面

6章 上下左右に動くカメラ台を操作しよう

Raspberry Piを再起動するのが簡単です。

6.6.4 サンプルの解説

●4つのファイル

このサンプルを実現しているのは、/usr/share/webiopi/htdocs/bb2/02/ディレクトリにある下記の4つのファイルです。

- HTMLファイル　index.html
- CSSファイル　styles.css
- JavaScriptファイル　javascript.js
- Pythonファイル　script.py

ファイルマネージャで/usr/share/webiopi/htdocs/bb2/02/ディレクトリに行き、leafpadで開くことで中身を確認することができます。その方法は**5.4.3**に記しましたので、必要に応じて参考にしてください。

●HTMLファイル

紙面の都合上、これらのファイルすべてについて解説することはできませんが、そのエッセンスをこれから解説します。まず、HTMLファイルindex.htmlでは主に下記のように映像を描画するエリアとモーターを制御するスライダーの配置を行っています。なお、ここではjQuery UIと呼ばれるライブラリを用いてスライダーを作成します。

```
24    <div id="box">
25        <canvas id="canvas"></canvas>
26        <span id="slider1"></span>
27    </div>
```

```
28      <div id="slider0"></div>
```

　canvasが映像表示部、slider0とslider1がそれぞれ横方向と縦方向のスライダーです。

● JavaScriptファイルによるスライダーの初期設定

　これらのスライダーを動かした時に実行される処理が記述されているのがjavascript.jsです。まず、スライダー初期化に関する命令のうち、左右方向のモーターを制御するslider0に関するものを見ていきます。slider1についてはslider0とほぼ同様に理解できますので解説は省略します。

　まず、スライダーを動かした時に、そのスライダーの値が0から20の範囲を1刻みで動くよう設定し、さらに初期状態を20/2=10（スライダーの中心）に設定するための変数を定義しているのが下記の部分です。

```
50  var sliderMin = 0;
51  var sliderMax = 20;
52  var sliderStep = 1;
53  var sliderValue = sliderMax/2;
```

　これらの変数を実際にスライダーに適用しているのが下記の部分です。スライダーのorientation（向き）をhorizontal、すなわち水平方向（横方向）に設定していることもわかります。

```
78      $( "#slider0" ).slider({
79          orientation: "horizontal",
```

6章 上下左右に動くカメラ台を操作しよう

```
80        min: sliderMin,
81        max: sliderMax,
82        step: sliderStep,
83        value: sliderValue,
84        change: sliderHandler0,
85        slide: sliderHandler0
86      });
```

●スライダーを動かした時の処理

さらに、上記の部分でスライダーを動かした時（change）とスライドさせた時（slide）にsliderHandler0という関数が呼び出されるよう設定しています。そのsliderHandler0は同じファイル内で下記のように定義されています。スライダーが取りうる値 0 ～ 20を0.0 ～ 1.0の実数値に変換して変数ratioに格納し、それをPythonプログラムscript.py内で定義されているマクロsetHwPWMという関数に渡しています。

```
62    var sliderHandler0 = function(e, ui){
63        var ratio = ui.value/sliderMax;
64        // サーボの回転の向きを逆にしたい場合次の行を無効に
65        //ratio = 1.0 - ratio;
66        webiopi().callMacro("setHwPWM", [0, ratio, commandID++]);
67    };
```

このsetHwPWM関数へは0、ratio、commandID++という3つの値が渡されています。1つ目の0は、左右方向のサーボモー

ターへの値の設定であることを示す数値です。ratioは先ほど解説した0.0から1.0の実数値、commandIDは、このマクロ呼び出しが何回目の呼び出しかを示す変数で、「++」は呼び出しのたびに変数の値が1ずつ増えることを示します。プログラムの機能的にはこの値は不要なのですが、これを付加しないとiPhoneやiPadのSafariブラウザで命令がキャッシュされて送信されない現象がありえるのでこのような対策を施しました。

●script.pyにおけるサーボモーターの角度指定

最後に、渡された変数ratioの値を元にサーボモーターの角度を指定する部分を見ていきます。Pythonスクリプトscript.py内部の下記の部分です。

```
50  @webiopi.macro
51  def setHwPWM(servoID, duty, commandID):
52      id = int(servoID)
53      duty = getServoDutyHwForWebIOPi(id, float(duty))
54      if id==0:
55          wiringpi.pwmWrite(PWM0,duty)
56      else:
57          wiringpi.pwmWrite(PWM1,duty)
```

servoIDが、0（左右方向サーボ）か1（上下方向サーボ）かを示す変数です。これは文字列として渡されますので、整数（int）に変換してから変数idに格納しています。同様に、0.0から1.0の値であるdutyも文字列として渡されますので、float(duty)として小数点以下のある数値に変換しています。

そして、**6.5.3**で行ったようにそれらをgetServoDutyHwForWebIOPiという関数に渡し、wiringPi用のデューティ比の整数値（0から1024）に変換しています。最後に、idが0なら左右方向用のGPIO 18（PWM0）に、1なら上下方向用のGPIO 19（PWM1）にハードウェアPWM信号を出力する、という流れです。

以上、概略ですが、ブラウザで命令を送信した後、それがサーボモーターに伝わるまでを解説しました。

● 縦方向のスライダー slider1

なお、上記の解説は左右方向のスライダー slider0 を元に解説しましたが、もう一方のスライダーである slider1 は縦方向のスライダーなのでいくつか注意があります。それに触れておきましょう。

まず、javascript.js 内で初期化時に orientation（向き）としてvertical（垂直方向）を指定します。また、同ファイル内で「$("#slider1").height(mHeight);」のようにスライダーの高さを設定する必要があります。

さらに、縦方向のスライダーを実現するにはCSSファイル styles.css で下記の設定が必要です。これは、slider1 を行の要素として収められるインライン要素としています。

```
12  #slider1 {
13    display: inline-block;
14  }
```

7章 OpenCVによる画像処理と対象物追跡を行ってみよう

7.1 本章で必要なものと準備

6章にてRaspberry Piのカメラモジュールを用いて、カメラからの映像を利用しました。本章では同じカメラモジュールを用いて、画像処理の例をいくつか試してみましょう。画像の二値化とエッジ検出、そして映像中の円や顔の検出を行います。さらに、その結果を用いて映像中の円や顔をカメラ台で追跡するという演習を行います。

表 7-1 本章で必要な物品

物品	備考
Raspberry Pi用カメラモジュールまたは6章で作成したカメラ台	本章では「画像処理」と「対象物追跡」という演習を行う。カメラモジュールでは前者の演習のみを、カメラ台では両方の演習を行える

それでは、はじめに下記を行ってから7.2に進んでください。

●カメラモジュールのRaspberry Piへの接続（→6.1.1）

7章 OpenCVによる画像処理と対象物追跡を行ってみよう

7.2 OpenCVによる画像処理

7.2.1 OpenCVとは

　OpenCV（正式名称Open Source Computer Vision Library）はコンピュータで画像や動画を処理するためのさまざまな機能を提供するライブラリです。画像処理とは、カメラなどから取得した外界の映像に対して、映像を加工する処理や何らかの情報を抽出する処理などのことを指します。

　我々に身近な例をいくつか挙げましょう。デジタルカメラやスマートフォンのカメラには、撮影時に人の顔を見つけ、色を自動で調整する機能を持つものがあります。ここで、映像から顔を見つけることや色の調整は画像処理の例となっています。また、最近の自動車にはカメラが搭載されているものがあり、車線間の白線や前方の歩行者を見つける機能を持ったものがあります。これらも画像処理により実現されています。

　一般に、カメラからの映像を処理するためには、1秒間に複数回流れ込んでくる映像に対して計算処理を行い続けなければいけません。そのため、高い計算能力を持ったコンピュータが必要です。近年のコンピュータ性能のめざましい向上により、この技術が我々に身近になってきたのです。

　また、画像処理の背後には理論とそれを表現する数式が存在します。OpenCVのようなライブラリがなければ、それらの数式をプログラムとして自分で書く必要があります。しかしOpenCVを用いると、数行の命令の呼び出しで高度な画像処理を簡単に実現できます。そのため、OpenCVは画像処理を必要とするプログラマや電子工作ファンに大人気となっていま

す。

本章ではそのOpenCVをRaspberry Piで利用します。Raspberry Piのような小型のコンピュータボードでも、簡単な画像処理を行えるほどの計算能力があることがわかるでしょう。

7.2.2 OpenCVのインストール

それでは、OpenCVのインストールを行いましょう。まずターミナルを起動し、下記のコマンドを順に実行してください。

```
sudo apt-get update
sudo apt-get install libopencv-dev python-opencv
```

1つ目のコマンドでインストール可能なパッケージのリストを更新し、2つ目のコマンドで、OpenCVおよびそれをPythonから利用するためのパッケージをインストールします。この際、「続行しますか？」や「検証なしにこれらのパッケージをインストールしますか？」と聞かれることがありますので、その場合はそれぞれキーボードの [y] をタイプした後 [Enter] キーを押して続行してください。以上でプログラム実行前の準備は終了です。

7.2.3 画像のプレビュー

それでは、OpenCVの動作確認として、カメラモジュールからの映像を図7-1のようにディスプレイに表示してみましょう。ターミナルを起動し、次のコマンドを実行します。

7章 OpenCVによる画像処理と対象物追跡を行ってみよう

```
python bb2-07-01-preview.py
```

　もし、**付録A**でサンプルファイルをbluebacksディレクトリに保存した場合、「`cd bluebacks`」コマンドを実行し、bluebacksディレクトリに移動してから上記コマンドを実行してください。このように「python ファイル名」を実行するのが、Pythonで書かれたプログラムのターミナルからの実行方法です。

　このプログラムが「Window system doesn't support Open GL.」というエラーにより終了してしまう場合、代替のプログラムである「bb2-07-10-preview.py」を指定してコマンドを実行してください。「`python bb2-07-10-preview.py`」ということです。NOOBS 1.4.2などでは画像表示部でエラーが起こるのですが、その部分を別の方法で実現し、エラーを回避しています。

　なお、このコマンドの入力が長すぎると感じた場合、キーボードのタブ（TAB）キーによる補完機能を用いると入力が楽になります。ターミナルに対してキーボードで

図7-1　カメラモジュールからの映像

`python bb2-07-01`

まで入力し、キーボードの［TAB］キーを押してみましょう。残りのファイル名が補完されますので、そのまま［Enter］キーを押すことでプログラムを実行できます。このように、長いファイル名に対しては補完機能を用いるとターミナルでのコマンド入力が楽になります。この方法について**付録C**にも補足を追加しましたので、興味のある方は参考にしてください。

　一般に管理者権限が必要なコマンドは先頭に「sudo」をつけて実行します。しかし、今回の映像表示用プログラムは管理者権限が不要なので「sudo」をつけずに実行できます。

　この映像表示用のプログラムを終了するには、ウインドウをマウスでクリックして選択し、キーボードで［q］をタイプしてください。それでウインドウが消えアプリケーションが終了します。

　以下ではこのサンプルプログラムを簡単に解説します。

●**画像のプレビュープログラムの解説**

　サンプルプログラムbb2-07-01-preview.pyの中身の閲覧や編集のためには、ファイルマネージャでファイルを右クリックし、「アプリケーションで開く」を選択してください。現れたウインドウで「アクセサリ」→「Text Editor」を選択し、OKするとファイルがleafpadで開かれます。なお、下にある「選択したアプリケーションをこのファイルタイプのデフォルトのアクションにする」にチェックを入れてOKすると、以後、Pythonプログラムをダブルクリックすることでleafpadが

起動します。

なお leafpad というテキストエディタは、コードの色分けがされない、Python における字下げの支援がされない、半角スペースの文字幅が行によって異なる、など Python プログラムを記述するのに適していません。しかし、本章で行うように「既存のプログラムの一部を少し変更する」程度ならば問題ないでしょう。leafpad 以外のテキストエディタを用いたい方は**付録C**を参考にしてください。

これまで作成したプログラムは GPIO にアクセスして制御するもののみで、ウインドウを表示するものはありませんでした。そのため、画像のプレビューを OpenCV によって行うプログラムはこれまでのものとは少し異なるものとなっています。

なお、代替プログラムである bb2-07-10-preview.py も、本質部分は変わりません。

```
1  # -*- coding: utf-8 -*-
2  import picamera
3  import picamera.array
4  import cv2
5
6  with picamera.PiCamera() as camera:
7      with picamera.array.PiRGBArray(camera) as stream:
8          camera.resolution = (320, 240)
9
10         while True:
11             # stream.arrayにBGRの順で映像データを格納
```

```
12            camera.capture(stream, 'bgr', use_video_port=True)
13            # system.arrayをウインドウに表示
14            cv2.imshow('frame', stream.array)
15
16            # "q"を入力でアプリケーション終了
17            if cv2.waitKey(1) & 0xFF == ord('q'):
18                break
19
20            # streamをリセット
21            stream.seek(0)
22            stream.truncate()
23
24     cv2.destroyAllWindows()
```

プログラム7-1　カメラモジュールから映像を取得し、ウインドウに表示するプログラム

まず、下記の2行は、Raspberry Piのカメラモジュールを変数cameraとして用いること、カメラから取得した映像を変数streamとして用いることの宣言となっています。

```
with picamera.PiCamera() as camera:
    with picamera.array.PiRGBArray(camera) as stream:
```

下記で、カメラの解像度を320×240と定めています。ここで(640, 480)なども指定できますが、処理に時間がかかるようになるので小さめの解像度を用いました。

7章 OpenCVによる画像処理と対象物追跡を行ってみよう

```
camera.resolution = (320, 240)
```

　実際に映像を取得し、それをウインドウに表示しているのは下記の部分です。画面表示は画像処理ライブラリOpenCVの機能を使っています。以下では、このOpenCVの機能を使った画像処理の例をいくつか試してみます。

```
# stream.arrayにBGRの順で映像データを格納
camera.capture(stream, 'bgr', use_video_port=True)
# system.arrayをウインドウに表示
cv2.imshow('frame', stream.array)
```

　以上で、カメラから映像を取得してウインドウに表示するプログラムの解説を終わります。すでに述べたように、このプログラムを終了するためには、ウインドウをマウスでクリックして選択し、キーボードの［q］キーをタイプしてください。

7.2.4 二値化

●画像の二値化

　サンプルプログラムbb2-07-01-preview.pyは、次ページの図7-2（A）のようにカメラから映像を取得してそれをディスプレイに表示するという内容になっていました。画像処理を行う場合図7-2（B）のように、取得した映像をディスプレイに表示する前に必要な処理を挿入することになります。

　本項で行うのは、画像を白と黒の2色（二値）で表現する二値化と呼ばれる処理です。さまざまな画像処理中で使われている基本的なものですので、まずは実行してみましょう。

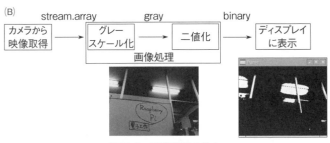

図 7-2 画像処理の流れ

ターミナル上で下記のコマンドを実行してください。サンプルファイルがbluebacksディレクトリにある方は、事前に「`cd bluebacks`」コマンドを実行してディレクトリを移動してから下記のコマンドを実行しましょう。

```
python bb2-07-02-binary.py
```

先ほどと同様、このプログラムが「Window system doesn't support OpenGL.」というエラーにより終了してしまう場合、代替のプログラムである「bb2-07-11-binary.py」を指定してコマンドを実行するようにしてください。

7章 OpenCVによる画像処理と対象物追跡を行ってみよう

　白と黒の2色で表現された映像が現れるはずです。なお、このときターミナル上に「127.0」という数値が現れ続けますが、この意味は後に解説しますので、今は気にしなくて構いません。

　典型的な結果は図7-2（B）に示されています。この映像の場合、蛍光灯部や柱の部分のように明るい部分が白く塗られ、それ以外が黒く塗られているのがわかります。

　この処理を実現するには、図7-2（B）に記されているように、2ステップの画像処理が必要です。まず、カメラからの映像に対してグレースケール化という処理を行います。これは映像をその明るさに応じてモノクロに変換する処理です。

　このとき、映像の明るさは図7-3のように、最も暗い部分が0、最も明るい部分が255の256段階の数値で表現されています。このとき、ある閾値をもうけ、その閾値より明るい部分を白、暗い部分を黒で表現するのがここで取り扱う二値化です。閾値の値は任意に決めてよく、ここでは0と255の中心の値である127を選びました。プログラム実行中にターミナルに表示されていたのは実はこの閾値です。

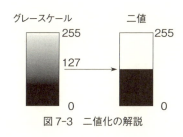

図7-3　二値化の解説

●二値化を実現するプログラムの解説

それでは、この二値化を実現しているサンプルプログラム bb2-07-02-binary.py を見てみましょう。ファイルマネージャで bb2-07-02-binary.py を右クリックし、「アプリケーションで開く」から「アクセサリ」→「Text Editor」を選択してOKするとleafpadで開かれるのでした。なお、本プログラムのうち、カメラモジュールからの映像取得部と画像表示部は **7.2.3** ですでに解説しました。そこで、ここでは図7-2（B）の「画像処理」の部分に絞って解説します。

なお、代替プログラムである bb2-07-11-binary.py も本質は変わりません。

```
13 # 映像データをグレースケール画像grayに変換
14 gray = cv2.cvtColor(stream.array, cv2.COLOR_BGR2GRAY)
15 # 画像の二値化（閾値127）
16 (ret, binary) = cv2.threshold(gray, 127, 255, cv2.THRESH_BINARY)
17 # 画像の二値化（大津の方法）
18 #(ret, binary) = cv2.threshold(gray, 127, 255, cv2.THRESH_BINARY | cv2.THRESH_OTSU)
19 # retの表示
20 print ret
```

プログラム 7-2　グレースケール化と二値化を実行している箇所

先頭に「#」が記されている部分はコメントなので、プログラム7-2で実行される命令は3つだけです。

まず、次の1つ目の命令はカメラモジュールからの映像

7章　OpenCVによる画像処理と対象物追跡を行ってみよう

stream.arrayをグレースケール化し、結果を変数grayに格納しています。

```
gray = cv2.cvtColor(stream.array, cv2.COLOR_BGR2GRAY)
```

次に、グレースケール画像grayに対して二値化を行っているのが、次の命令です。

```
(ret, binary) = cv2.threshold(gray, 127, 255, cv2.THRESH_BINARY)
```

127と255という2つの数値が記されていますが、これは「127を超える明るさを255に変換する」という意味になります。127以下の明るさは0になります。これは245ページの図7-3で表されている処理そのものです。なお、これにより2つの結果retとbinaryが得られます。retには使用された閾値が格納されます。今回の場合は127です。binaryには二値化の結果の画像が格納されます。このbinaryという画像がウインドウに表示されます。

最後に、下記の命令により閾値の格納されたretの値をターミナル上に表示します。

```
print ret
```

以上がこの二値化のプログラムのエッセンスです。もし、この127という閾値を変更する場合、下記の順序で行ってください。leafpadでファイルを編集する際は、該当箇所以外変更しないよう注意しましょう。

- ウインドウ上で [q] をタイプしてプログラムを終了
- leafpadでファイルを開き、プログラム上の閾値127を変更して保存
- もう一度プログラムを実行

●大津の方法による二値化

　二値化の閾値をいろいろと変更してみると、値に応じてさまざまな画像が現れることがわかります。この閾値の変更を手動ではなく、自動で行う方法がありますので、それも試してみましょう。大津の方法と呼ばれるものです。

　まず、246ページのプログラム7-2を注意深く見ると、cv2.thresholdという命令が2つあることがわかります。16行目が実際に実行される関数、18行目が「#」がついているため実行されない関数です。そこで、1つ目に#をつけて無効にし、2つ目の#を削除して有効にしてファイルを保存しましょう。それからもう一度ターミナルでbb2-07-02-binary.pyを実行しましょう。代替プログラムを用いている場合は、そちらを編集して実行してください。

　筆者の場合、244ページの図7-2と同じ状況でプログラムを実行すると図7-4のような結果が得られました。図7-2の場合はホワイトボードがすべて暗いと判定されて黒く塗りつぶされていました。それに対し図7-4ではホワイトボード上の文字が読めるようになっています。このとき何が起こったのかを以下で解説します。

　大津の方法では白と黒の閾値を自動的に決定して利用します。そのため、命令中に書かれている「127」という数値は利用されません。数式による解説は省略しますが、閾値は「明る

7章　OpenCVによる画像処理と対象物追跡を行ってみよう

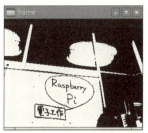

図7-4　二値化（大津の方法）

い領域と暗い領域がうまく分かれるような閾値」として決定されます。図7-4の場合は90程度の閾値が自動的に選択されターミナルに表示されていました。この閾値を選ぶと、図7-4のようにホワイトボードの背景と文字とが白と黒で分かれる、というわけです。閾値はカメラモジュールからの映像に応じてその都度変化することがコンソール上の数値からわかります。皆さんもカメラモジュールの前に手をかざすなどして、閾値が変化することを確認してみましょう。

7.2.5 Cannyフィルタによるエッジ検出

次の例として、Cannyフィルタと呼ばれる手法でエッジ検出を行います。エッジとは明るさが急激に変化している部分を指し、それを検出することで物体の境界を得られると考えられます。エッジ検出を行うことのメリットは、図形の検出が容易になることです。たとえば、**7.2.1**で紹介した車線間の白線の検出はエッジ検出により容易になるでしょう。また、次項では円の検出を行いますが、そこでもこのCannyフィルタによるエッジ検出が使われています。

エッジ検出によりどのような画像が得られるか、具体的に見

たほうがわかりやすいでしょう。他のプログラムが実行されていない状態で、ターミナルを起動し下記の命令を実行します。サンプルファイルがbluebacksディレクトリにある方は、事前に「`cd bluebacks`」コマンドで移動してください。

`python bb2-07-03-cannyedge.py`

これまでと同様、このプログラムが「Window system doesn't support OpenGL.」というエラーにより終了してしまう場合、代替のプログラムである「bb2-07-12-cannyedge.py」を指定してコマンドを実行するようにしてください。

実行すると、図7-5のような映像が表示されたウインドウが現れます。物体の境界が白で、それ以外が黒で表示されていることがわかるでしょう。前項と同様、白と黒の二値で表示された画像になっています。

この処理を実現しているのは、プログラムbb2-07-03-cannyedge.py中の次ページの部分です。前項同様、画像処理部のみを解説します。なお、代替プログラムであるbb2-07-12-cannyedge.pyも本質は変わりません。

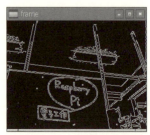

図7-5 Cannyフィルタによるエッジ検出

```
13  # 映像データをグレースケール画像grayに変換
14  gray = cv2.cvtColor(stream.array, cv2.COLOR_BGR2GRAY)
15  # Cannyフィルタを適用し、結果をedgeに格納
16  edge = cv2.Canny(gray, 50, 100)
```

プログラム7-3　Cannyフィルタによるエッジ検出を実行している箇所

　画像処理として実行される命令は2つだけです。最初にグレースケール化を行うのは前項と同じです。Cannyフィルタを適用しているのは下記の部分です。

```
edge = cv2.Canny(gray, 50, 100)
```

　グレースケール画像grayに対してCannyフィルタを適用し、結果をedgeという変数に格納しています。2つの数字50と100がありますが、ここには値の異なる2つの数値を指定することになっており、記述の順番は「50, 100」および「100, 50」のどちらでも構いません。それぞれ下記の意味があります。

threshold1：小さい方の数値。エッジの接続されやすさを決める。小さい値を指定すると接続されやすくなる
threshold2：大きい方の数値。エッジの検出されやすさを決める。小さい値を指定すると検出されやすい

7.2.6 ハフ変換による円の検出

　次の例として、ハフ変換による円の検出を行います。円の検

出は、たとえば自動車のカメラで信号や道路標識の円形を検出するのに役立つでしょう。

ターミナルで次のコマンドを実行すると確認できます。サンプルファイルがbluebacksディレクトリにある方は、事前に「`cd bluebacks`」コマンドで移動してください。

```
python bb2-07-04-circle.py
```

これまでと同様、このプログラムが「Window system doesn't support OpenGL.」というエラーにより終了してしまう場合、代替のプログラムである「bb2-07-13-circle.py」を指定してコマンドを実行するようにしてください。

実行例を示したのが図7-6です。映像中から円を検出し、検出した部分に赤い円（紙面ではわかりやすくするため白い円にしています）を描画します。図7-6ではガムテープをカメラの前にかざしています。なお、図ではホワイトボードが背景で明るく、ガムテープの円が暗くなっています。このように、円と背景とで明るさの違いがはっきりしていると、検出されやすいでしょう。なお、映像中に複数の円が検出された場合、そのす

図7-6　ハフ変換による円の検出

7章 OpenCVによる画像処理と対象物追跡を行ってみよう

べてに赤い円が描かれます。

この処理を実現しているのは、プログラムbb2-07-04-circle.py中の下記の部分です。これまで同様、映像取得部と画像表示部を除いた画像処理部のみを解説します。なお、代替プログラムであるbb2-07-13-circle.pyも本質は変わりません。

```
13  # 映像データをグレースケール画像grayに変換
14  gray = cv2.cvtColor(stream.array, cv2.COLOR_BGR2GRAY)
15  # ガウシアンぼかしを適用して、認識精度を上げる
16  blur = cv2.GaussianBlur(gray, (9,9), 0)
17  # ハフ変換を適用し、映像内の円を探す
18  circles = cv2.HoughCircles(blur, cv2.cv.CV_HOUGH_GRADIENT,
19           dp=1, minDist=50, param1=120, param2=40,
20           minRadius=5, maxRadius=100)
21
22  if circles is not None:
23      for c in circles[0]:
24          # 見つかった円の上に赤い円を元の映像(system.array)上に描画
25          # c[0]:x座標, c[1]:y座標, c[2]:半径
26          cv2.circle(stream.array, (c[0],c[1]), c[2], (0,0,255), 2)
```

プログラム7-4　ハフ変換による円の検出を実行している箇所

●グレースケール化とぼかし

最初にグレースケール化を行うのは、これまでの二値化やエッジ検出と共通しています。

次のように「ガウシアンぼかし」というぼかしの効果を入れ

ています。

```
blur = cv2.GaussianBlur(gray, (9,9), 0)
```

　これを入れないと、小さな円をたくさん誤検出してしまうことがあります。(9,9)は、横方向と縦方向が9ピクセル×9ピクセルの範囲でぼかしをかけることを意味します。数字は奇数を用い、大きいほうが強いぼかしとなります。0はぼかしをかけるときに用いる分散という量をぼかしの範囲（すなわち9×9）から決定することを指定するための数値です。

●ハフ変換による円の検出

　そして、ぼかし後の画像blurに対し、円を見つける命令が以下のものです。ハフ変換と呼ばれるものを用いています。3行にわたっていますが、見やすいよう途中で改行を加えただけで実際は1命令です。

```
circles = cv2.HoughCircles(blur, cv2.cv.CV_HOUGH_GRADIENT,
            dp=1, minDist=50, param1=120, param2=40,
            minRadius=5, maxRadius=100)
```

　円を検出する上で重要な数値が変数名つきで書かれていますので、順に説明しましょう。

dp：検出の際に用いる空間の分解能を表しますが、通常は1でよいでしょう
minDist：円がたくさん検出されたとき、中心同士の距離が

> minDist（ピクセル）以下の円は検出対象から外す、という意味があります。大きな値を指定すると、円が多数検出されたときに検出数を減らす効果があります

param1：内部で呼び出されるCannyフィルタに渡す2つのパラメータのうち、大きい方（threshold2）になります。小さい方（threshold1）はこの値の半分に設定されます。小さな値を指定すると円が検出されやすくなりますが、誤検出も増えます

param2：円の中心を検出する際に用いられる数値です。小さな値を指定すると円が検出されやすくなりますが、誤検出も増えます

minRadius：これより半径が小さい円は検出対象から外す効果があります。誤検出を減らすために設定します

maxRadius：これより半径が大きい円は検出対象から外す効果があります。誤検出を減らすために設定します

このように、設定できる数値がたくさんあり、設定値に応じて検出結果は大きく異なります。

● 円の誤検出について

なお、上で記されている「誤検出」とは「円でないものを円と判定すること」を指します。実際に数値を変えてみるとわかりますが、誤検出を減らそうとすると、検出してほしい円も検出されにくくなります。逆に円の検出を容易にしようとすると、それだけ誤検出も増えます。ここで設定した数値は、筆者が「なるべく誤検出を減らすように、しかし円が全く検出され

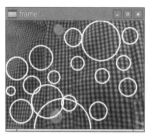

図7-7 円の誤検出

ないこともないように」試行錯誤で決めました。

しかしそれでも誤検出は起こるものです。たとえば、チェックの服を着てカメラに近づいた時の様子が図7-7です。チェックの服には黒い点がたくさんありますが、それらを結んだものを円と誤検出してしまい、たくさんの円が描かれています。

誤検出された円を数えると17個ありますが、この程度の個数ですんでいるのはminDist、minRadius、maxRadiusを設定しているからです。この条件を緩めると、小さな円や大きな円が無数に検出されてしまいます。検出される円の個数が増えると、計算にかかる時間が非常に長くなります。Raspberry Pi Model B+ではその結果アプリケーションの動作が停止し、ウインドウ右上の⊠ボタンで強制終了せざるを得なくなることもあります。設定値を変更するときは誤検出の数が増えすぎないよう注意しましょう。

7.2.7 顔の検出

画像処理の例の最後に、顔検出を行ってみましょう。**7.2.1**で述べたように、デジタルカメラなどでおなじみですね。

ターミナルで下記のコマンドを実行してください。サンプル

7章 OpenCVによる画像処理と対象物追跡を行ってみよう

図7-8 顔検出

ファイルがbluebacksディレクトリにある方は、事前に「cd bluebacks」コマンドで移動してください。

python bb2-07-05-face.py

これまでと同様、このプログラムが「Window system doesn't support OpenGL.」というエラーにより終了してしまう場合、代替のプログラムである「bb2-07-14-face.py」を指定してコマンドを実行するようにしてください。

実行例を示したのが図7-8です。この映像は、「レナ画像」という画像処理の分野でしばしば用いられる女性の写真を印刷してカメラモジュールの前にかざしたときの様子です。レナ画像の顔の部分に赤い四角形(紙面ではわかりやすくするため白い四角形にしています)が描かれており、顔が検出されていることがわかります。皆さんも自分の顔をカメラモジュールに向けて、顔が検出されるか確かめてみましょう。

このプログラムbb2-07-05-face.pyで、顔検出を実現している部分は次の部分です。カスケード分類器と呼ばれる手法を用いています。「プログラム冒頭部」と「顔検出部」の2ヵ所

257

を抜き出しています。なお、代替プログラムであるbb2-07-14-face.pyも本質は変わりません。

```
    # (プログラム冒頭部)
 6  cascade_path = "/usr/share/opencv/haarcascades/haarcascade_frontalface_alt.xml"
 7  cascade = cv2.CascadeClassifier(cascade_path)
 8
    # (顔検出部)
16  # 映像データをグレースケール画像grayに変換
17  gray = cv2.cvtColor(stream.array, cv2.COLOR_BGR2GRAY)
18  # grayから顔を探す
19  facerect = cascade.detectMultiScale(gray, scaleFactor=1.3, minNeighbors=2, minSize=(30,30), maxSize=(150,150))
20
21  if len(facerect) > 0:
22      for rect in facerect:
23          # 元の画像(system.array)の顔がある位置赤い四角を描画
24          # rect[0:2]:長方形の左上の座標, rect[2:4]:長方形の横と高さ
25          # rect[0:2]+rect[2:4]:長方形の右下の座標
26          cv2.rectangle(stream.array, tuple(rect[0:2]),tuple(rect[0:2]+rect[2:4]), (0,0,255), thickness=2)
```

プログラム 7-5　プログラム中で顔検出を実現している部分

まず、顔の特徴を抽出するためのカスケード分類器を次の部分でファイルから読みこんでいます。この分類器はOpenCVをインストールしたときに同時にシステムにインストールされ

ています。

```
cascade_path =  "/usr/share/opencv/haarcascades/haarcascade_frontalface_alt.xml"
cascade = cv2.CascadeClassifier(cascade_path)
```

そして、この分類器にグレースケール化された画像grayといくつかの数値を渡すことで、顔が検出されます。

```
facerect = cascade.detectMultiScale(gray, scaleFactor=1.3, minNeighbors=2, minSize=(30,30), maxSize=(150,150))
```

渡されている数値について簡単に解説します。

scaleFactor：小さい顔から大きい顔までを探索する際、顔の大きさを変えるときにどれくらいの比率で大きくするか決めます。1より大きい値を使うほど検出が早く終了しますが、精度が落ちます。性能の高いPCでは1.1程度の値を用いますが、ここでは速度を重視して1.3としました

minNeighbors：顔の検出されやすさを決めます。小さい値ほど顔が検出されやすくなりますが、誤検出も増えます。通常3〜6程度を用いますが、ここでは試行錯誤で2としました

minSize：検出される顔の最小サイズです。幅と高さで指定します

maxSize：検出される顔の最大サイズです。幅と高さで指定します

　顔検出は非常に計算量の多い処理ですので、これらの値を適切に設定しなければなりません。たとえば、scaleFactorを1.3から1.1に変更すると計算に時間がかかるため、映像が数秒に1回しか更新されなくなります。また、minSizeとmaxSizeを設定することで探索の範囲を狭めることも、検出の高速化のためには重要です。

●まとめ

　以上、OpenCVを用いた画像処理の例をいくつか体験しました。OpenCVには他にも多くの機能がありますので、興味のある方は調べてみるとよいでしょう。なお、OpenCVはさまざまなプログラミング言語で利用できます。調べる際はPython言語によるOpenCVの利用法を解説した書籍やウェブページを探すとよいでしょう。

7.3 画像処理結果を元に対象物追跡を行ってみよう

　それでは6章で作成したカメラ台を用いて、画像処理で見つけた対象物を追跡するようにカメラ台を制御してみましょう。**7.2**まではRaspberry Piのカメラモジュールのみで演習を行うことができましたが、ここからは6章で作成したカメラ台が必要となりますので注意してください。

　行う演習は、**7.2.6**で検出した円の追跡と、**7.2.7**で検出した顔の追跡です。Raspberry Pi Model B+とRaspberry Pi 2

7章 OpenCVによる画像処理と対象物追跡を行ってみよう

Model Bの両方で実行できますが、高速に動作するRaspberry Pi 2 Model Bの方が動作は滑らかですのでご了承ください。

7.3.1 円の追跡

●画像上の座標

実際にプログラムを動かす前に、本節で行う対象物追跡が何を行うのか、あらかじめ解説しておきましょう。まず予備知識として、図7-9（A）にて示されている画像上の座標について解説します。OpenCVを含む多くの画像処理ライブラリでは、画像の左上を座標の原点として、右および下方向に座標軸を取ります。本節では横320ピクセル、縦240ピクセルの画像を処理の対象にしていますので、横座標（x座標）は0から319まで、縦座標（y座標）は0から239まで変化します。

●仮想的なつまみ

また、対象物追跡の方法の理解を容易にするために、仮想的なつまみを考えます。**6.5**では半固定抵抗のつまみを回して、カメラ台のサーボモーターを左右および上下に動かしました。それと同じつまみでサーボモーターを動かせると考えるので

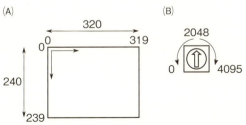

図7-9 （A）映像上の座標、（B）値0から4095を持つ仮想的なつまみ

261

す。このつまみは仮想的なものであり実際には使用しませんので、**6.5**の演習は行わなかったという方でもそのままお読みいただいて構いません。なお、このつまみは値を持っており、左いっぱいに回すと0、右いっぱいに回すと4095の値を持ち、中央付近で2048となると考えます。

●対象物を追跡するためのサーボモーターの制御

それでは、図7-10を元に本節で行う対象物追跡の考え方を見ていきましょう。まず、図7-10(A)のように映像上の右側に円が検出されているとしましょう。ここで目指すのは、この円が映像の中心に来るようにサーボモーターを制御することです。なお、解説を簡単にするため、カメラ台の左右方向のみの制御に絞って解説します。上下方向も同様に考えることができます。

いま、図7-10(A)のように円は映像の中心から右側にずれていますので、カメラ台を右方向に動かし、円が映像の中心に近づくようにします。そのためには、つまみを右方向に動かす

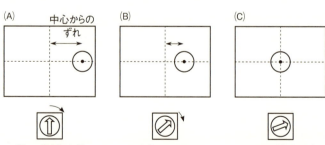

図7-10 円を追跡する方法

必要があります。後にプログラムを見る際にも解説しますが、つまみは、ずれに比例した量だけ動かすことにします。

つまみを右に動かした結果、カメラの視点は右に移動し、図7-10（B）のような状況になったとします。円は少し映像の中心に近づきましたが、まだ少しずれています。そこで、また少しつまみを右に動かします。このとき、ずれの大きさは図7-10（A）よりも小さくなっていますので、つまみを動かす量も小さくします。これが「ずれに比例した量だけつまみを動かす」という意味です。

その結果、図7-10（C）のように円は映像の中心に表示されるようになりました。以上の流れをプログラムの実行中に繰り返せば、カメラ台は円を追跡し続けることになります。

なお、すでに注意したように図7-10中のつまみは仮想的なものなので回路では用いません。実際には「図7-10のようにつまみを動かすのと等価な信号をサーボモーターに与える」ことになります。

●プログラムの実行

それでは、プログラムを実行して動作を確認してみましょう。

作成する回路は226〜227ページの図6-18と同じものです。カメラモジュールをRaspberry Piに接続することも忘れないようにしましょう。

回路ができたらターミナルを開いて次のコマンドを実行します。サンプルファイルがbluebacksディレクトリにある方は、事前に「`cd bluebacks`」コマンドで移動してください。

```
sudo python bb2-07-06-tracking-circle.py
```

これまでと同様、このプログラムが「Window system doesn't support OpenGL.」というエラーにより終了してしまう場合、代替のプログラムである「bb2-07-15-tracking-circle.py」を指定してコマンドを実行するようにしてください。

　本章のこれまでのプログラムと異なり、wiringPiを用いてサーボモーターへ信号を出力するプログラムですので、用いているNOOBSのバージョンにかかわらず管理者権限が必要です。そのため、コマンドの先頭に「sudo」をつけています。

　252ページの図7-6と同様、ウインドウにカメラからの映像が現れ、検出された円の位置に赤い円が描かれます。それと同時に、262ページの図7-10のような動作を実現する信号がサーボモーターに対して出力されるので、円の追跡が実現されます。

●プログラムの解説

　プログラムbb2-07-06-tracking-circle.pyのうち、円が検出された後、サーボモーターに指令を与える部分のプログラムを抜き出すと下記のようになります。円が複数見つかった場合、それ以前に円があった位置に最も近い円を追跡するようにしています。なお、代替プログラムであるbb2-07-15-tracking-circle.pyも本質は変わりません。

```
   # 以下、ハフ変換により円が検出された後の処理
61 if circles is not None:
62     # 複数見つかった円のうち、以前の円の位置に最も近いものを探す
63     mindist = 320+240
64     minindx = 0
```

```
65      indx = 0
66      for c in circles[0]:
67          dist = math.fabs(c[0]-prev_x) + math.fabs(c[1]-prev_y)
68          if dist < mindist:
69              mindist = dist
70              minindx = indx
71          indx += 1
72
73      # 現在の円の位置
74      circle_x = circles[0][minindx][0]
75      circle_y = circles[0][minindx][1]
76
77      # 現在の円の位置に赤い円を元の映像(system.array)上に描画
78      cv2.circle(stream.array, (circle_x, circle_y),
79              circles[0][minindx][2], (0,0,255), 2)
80
81      dx = circle_x-160  # 左右中央からのずれ
82      dy = circle_y-120  # 上下中央からのずれ
83
84      # サーボモーターを回転させる量を決める定数
85      ratio_x =  3
86      ratio_y = -3
87
88      duty0 = getServoDutyHw(0, ratio_x*dx + prev_input_x)
89      wiringpi.pwmWrite(PWM0, duty0)
90
91      duty1 = getServoDutyHw(1, ratio_y*dy + prev_input_y)
```

```
92      wiringpi.pwmWrite(PWM1, duty1)
93
94      # サーボモーターに対する入力値を更新
95      prev_input_x = ratio_x*dx + prev_input_x
96      if prev_input_x > 4095:
97          prev_input_x = 4095
98      if prev_input_x < 0:
99          prev_input_x = 0
100     prev_input_y = ratio_y*dy + prev_input_y
101     if prev_input_y > 4095:
102         prev_input_y = 4095
103     if prev_input_y < 0:
104         prev_input_y = 0
105
106     # 以前の円の位置を更新
107     prev_x = circle_x
108     prev_y = circle_y
```

プログラム 7-6　円が検出された後、サーボモーターに命令を与えて円の追跡を行う処理

このプログラムのうち、262ページの図7-10に関連する部分を解説すると、次のようになります。

まず、現在の円のx座標が中心からどれだけずれているかを表す変数が下記で計算されているdxです。circle_xは現在の円の中心のx座標です。映像の横幅が320なので、映像の横方向の中心は160となっています。

```
dx = circle_x-160   # 左右中央からのずれ
```

次に、「ずれに比例した量だけつまみを動かす」に該当するのは下記の部分です。

```
duty0 = getServoDutyHw(0, ratio_x*dx + prev_input_x)
wiringpi.pwmWrite(PWM0, duty0)
```

もともとのつまみの位置が「prev_input_x」であり、これは初期値2048として初期化されています。「ずれに比例した量」というのが「ratio_x*dx」であり、これを「prev_input_x」に足すことで「ずれに比例した量だけつまみを動かす」ことを実現します。この量をデューティ比に変換してPWM信号として出力するのは **6.5.3** で解説した通りです。

なお、ratio_xは「ratio_x = 3」と定義されている比例定数です。この値は筆者が試行錯誤で決めました。この値を大きくするとサーボモーターは大きく変化しますが、円が中心に固定されず、カメラ台が常に変動し続けてしまうので、適度な値に設定しなければなりません。

また、上下方向の比例定数は「ratio_y = -3」のように負の数として定義されています。これは、縦方向の軸の向きが上下逆であり（261ページの図7-9 (A))、つまみによる上下の向きと逆であるためです。

最後に、つまみの位置「prev_input_x」を0から4095の範囲の値として更新しています。これは図7-10 (B) のように、つまみは常に「現在のつまみの位置＋ずれ」として動かす必要があり、現在のつまみの位置を常に参照する必要があるためです。

7.3.2 顔の追跡

円の追跡が実現できれば顔の追跡もほぼ同様に実現できます。実行方法のみ解説しましょう。あらかじめ、円の追跡プログラムのウインドウ上で［q］をタイプして終了しておいてください。

円の追跡と同様、カメラモジュールをRaspberry Piに接続して226～227ページの図6-18と同じ回路を作成します。そして、ターミナルを開いて下記のコマンドを実行します。サンプルファイルがbluebacksディレクトリにある方は、事前に「`cd bluebacks`」コマンドで移動してください。管理者権限は先ほどと同様NOOBSのバージョンにかかわらず必要です。

`sudo python bb2-07-07-tracking-face.py`

これまでと同様、このプログラムが「Window system doesn't support OpenGL.」というエラーにより終了してしまう場合、代替のプログラムである「bb2-07-16-tracking-face.py」を指定してコマンドを実行するようにしてください。

257ページの図7-8と同様、ウインドウにカメラからの映像が現れ、検出された顔の位置に赤い四角形が描かれ、その顔が追跡されます。

8章 6脚ロボットを操作してみよう

8.1 本章で必要なもの

本章では、サーボモーターを6個使って6脚ロボットを作成します。6章にてサーボモーター2個を用いてカメラ台を作成しましたが、その発展という位置づけです。

サーボモーターの制御のために、6章ではRaspberry Pi本体から出力されるハードウェアPWM信号を2つ用いました。本章では6個のハードウェアPWM信号が必要となるので、「サーボドライバー」と呼ばれる電子部品を利用します。このように、電子部品を別途追加することで、Raspberry Piを用いた電子工作の可能性が広がることがわかるでしょう。

6脚ロボットの作成には6章と同じくタミヤの工作キットを利用します。その加工や取り付けには6章と同じ手法を用いますので6章を体験された方はスムーズに組み立てられるでしょう。6章を体験されていない方は、適宜6章を参照しながら読み進めてください。どの部分を参照すべきかは文中で指示します。

最終的な目標は、スマートフォンやタブレットのブラウザからこの6脚ロボットを操作することです。さらに発展的な内容として、6章で作成したカメラ台を取り付け、カメラつきの6脚ロボットとする方法も紹介します。

表 8-1 本章で必要な物品

物品	備考
マイクロサーボ SG90	必須。6個用いるが、多めに購入することを推奨。秋月電子通商の通販コードM-08761など。Amazonでは10個入りも取り扱われている
PCA9685搭載16チャネル PWM/サーボドライバー	必須。6個のサーボモーターを制御するために用いる。はんだ付けを要するキット。下記の3種類の選択肢がある。初心者向きとしてはブレッドボード用が扱いやすい。このサーボドライバーを用いないプログラムも用意するが、機体が大きく震えるので非推奨とする
	ブレッドボード用：スイッチサイエンスのADA-815、AdafruitのPRODUCT ID: 815
	Pi-HAT形式：スイッチサイエンスのADA-2327、AdafruitのPRODUCT ID: 2327
	Arduino用：スイッチサイエンスのADA-1411、AdafruitのPRODUCT ID: 1411
はんだとはんだごて	必須。サーボドライバーをはんだ付けする際に用いる
マスキングテープ	オプション。サーボドライバーをはんだ付けする際、部品の固定用にあると便利。耐熱用も売っているが、100円ショップに売っているようなもので構わない
タミヤ 楽しい工作シリーズNo.143 ユニバーサルアームセット	必須。3個用いる。さまざまなインターネットショップで購入可能
タミヤ 楽しい工作シリーズNo.172 ユニバーサルプレートL(210×160mm)	必須。1個用いる。さまざまなインターネットショップで購入可能
M2×10のねじとナット	必須。マイクロサーボを工作キットに取り付ける際に12本用いる。東急ハンズやAmazonで取り扱われている「八幡ねじ　なべ小ねじ　M2×10mm P0.4」(10本入り)にはナットやワッシャーも含まれており、これが2セット必要となる
ピンバイスと2mmのドリル刃	必須。6章で用いたもの

物品	備考
ドライバ	必須。6章で用いたもの
ニッパ	必須。6章で用いたもの
M2×8mmタッピングビスとM2ワッシャー	オプション。6章で紹介したもの
スイッチつき単三電池3個用電池ボックス	必須。サーボモーター用電源として用いる。秋月電子通商の通販コードP-02666など
Raspberry Pi用のケース	必須。Raspberry Piをロボットに載せる際、機体作成用のビスと接触しないよう用いる
スマートフォン用モバイルバッテリー(1.2A以上電流が流せるもの)	必須。6脚ロボットを無線で操作するため、Raspberry Pi用の電源として用いる
Wifiデバイス	必須。6脚ロボットを無線で操作するために用いる。1章で紹介したもののうちどれか
LCDモジュール	必須。4章で用いたもの。Raspberry PiのIPアドレスを表示するために用いる。PU部ジャンパのはんだを除去する必要がある場合がある。本文参照
はんだ吸い取り線	オプション。LCDモジュールのジャンパのはんだを除去する必要がある場合に用いる。秋月電子通商の通販コードT-02539など
タクトスイッチ	必須。Raspberry Piのシャットダウンボタンとして用いる
Raspberry Pi カメラ モジュール リプレースメント ケーブル	オプション。カメラモジュールのケーブル。6章のカメラを6脚ロボットに取り付ける場合、長いケーブルが必要になる。カメラモジュールのケーブルは通常15cmなので、それより長い20cmや30cmを選択するとよい。Amazonで左記の名称で検索すると現れる

これらの部品について、以下でいくつかコメントします。

8.1.1 PCA9685搭載サーボドライバー

Adafruit製のPCA9685搭載サーボドライバーは16個のハードウェアPWM信号を出力できるものです。PCA9685とはこ

のドライバーに載っているチップの名称です。270ページの表8-1で見たように、ブレッドボード用、Pi-HAT形式、Arduino用の3種類があり、どれでも本書の内容を体験できます。紙面の都合上、本書ではブレッドボード用を用いて解説を行い、Pi-HAT用とArduino用についての解説はサポートページからダウンロードできる追加PDFでの解説とします。

ブレッドボード用のサーボドライバーは図8-1 (A) のような回路です。3×4のピン4つが上向きに、1×6のピン1つが下向きに取り付けられており、これらをすべて自分ではんだ付けするキットとなっています。なお、モーター電源を取り付け

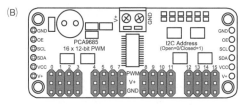

- ■ 表からピンをさし裏ではんだ付け(48ヵ所)
- ◉ 裏からピンをさし表ではんだ付け(6ヵ所)

図8-1 PCA9685搭載サーボドライバー（ブレッドボード用）

ることができる青いパーツも基板にはんだ付けします。はんだ付けが必要な箇所が多いので根気は必要ですが、ピンの間隔が広いので難易度は高くありません。図4-2（93ページ）に記した手順に従って一つ一つ丁寧にはんだ付けしましょう。

はんだ付けの際、ピンと基板をマスキングテープであらかじめ固定しておくとはんだ付けがしやすくなります。はんだ付けする面とは反対側の面で、ピンと基板をマスキングテープで固定しておき、はんだ付けが終わったらはがすのです。この際、一般的なテープは「テープが熱によって融けてしまう」、「テープの糊が基板に残ることがある」などの問題があるため、用いるべきではありません。

Adafruit製のPCA9685搭載サーボドライバーは下記で購入できます。

- スイッチサイエンス（ https://www.switch-science.com/ ）
- Adafruit（海外サイト）（ https://www.adafruit.com/ ）

なお、PCA9685搭載サーボドライバーにはAdafruit以外のメーカーが作っている類似品も存在します。しかし、同じプログラムを動かしたときにAdafruit製のものと挙動が異なる場合があるため、本書ではサポート対象外とします。

また、PCA9685搭載サーボドライバーを入手できない方のために、Raspberry Piの本体から出力するソフトウェアPWM信号で6脚ロボットを制御するプログラムも用意します。ただし、6章で述べたようにソフトウェアPWM信号は精度が低いため、6脚ロボットは常にブルブルと大きく震えてしまいます。そのため、このソフトウェアPWM信号によるプログラム

はあくまでPCA9685搭載サーボドライバーを入手するまでのお試し用とお考えください。

8.1.2 LCDモジュール

4章で用いたI^2C接続のLCDモジュールを、Raspberry PiのIPアドレスを表示するために用います。PCA9685搭載サーボドライバーもI^2CによりRaspberry Piと通信します。そのため、LCDモジュールとPCA9685搭載サーボドライバーを94ページの図4-3のように同時に接続することになります。

このとき、PCA9685搭載サーボドライバーの存在の影響で、LCDモジュールがRaspberry Piから認識されなくなることがありますので、ここでその対策について述べます。

LCDモジュールの裏を見ると、図8-2 (A) または図8-2 (B) のように、PUと書かれた部分にジャンパと呼ばれる電極が2セットあります。LCDモジュールを自分ではんだづけした方は図8-2 (A) の状態、完成品を購入した方は図8-2 (B) の状態の方が多いでしょう。

図8-2 (A) の状態では、1つの正方形内の凹凸状の電極は絶縁されています。ここにはんだを盛り図8-2 (B) のように

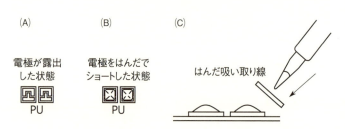

図 8-2　LCD のジャンパからはんだを除去する方法

すると電極が接続され、LCDモジュールの基板上のプルアップ抵抗が有効になります。

プルアップ抵抗は94ページの図4-3のようにI²C接続時に必要になるものです。しかしRaspberry Pi内部にすでにこのプルアップ抵抗が存在するので、LCDモジュールの基板上では必ずしもこのプルアップ抵抗の有効化は必要ありませんでした。実際、4章では図8-2 (A) と図8-2 (B) のどちらの状態でもLCDモジュールは動作しました。

しかし、本章のようにPCA9685搭載サーボドライバーとLCDモジュールを同時に用いる場合、図8-2 (B) の状態ではLCDモジュールがRaspberry Piから認識されないことがあります。具体的には、サーボモーターの制御方法により、LCDモジュールの利用には表8-2のような制限があります。

表 8-2　LCD モジュール利用時の制限

サーボモーターの制御方法	制限
ブレッドボード用サーボドライバー、Arduino用サーボドライバー	図8-2(A)の状態で用いなければならない
Pi-HAT形式のサーボドライバー、ソフトウェアPWM信号	図8-2(A)と図8-2(B)のどちらの状態でも正常動作する

そのため、ご使用のサーボドライバーによっては、図8-2 (B) の状態からはんだを取り去り、図8-2 (A) の状態に戻さねばなりません。そのためには、はんだ吸い取り線を用いるのが簡単です。図8-2 (C) のように盛られたはんだとはんだごての間にはんだ吸い取り線を挟んではんだを熱します。このとき、はんだごてを寝かせて面の状態ではんだ部に押し付けるとよいでしょう。すると、はんだがはんだ吸い取り線に吸い取ら

れ、274ページの図8-2（A）の状態に戻ります。凸凹状の電極の間の隙間が見えるようになればよいでしょう。図8-2（A）の状態に戻ったら4章の演習をもう一度試し、正常動作することを確認しておきましょう。

8.2 6脚ロボットの作成

8.2.1 機体の作成

本章で作成する6脚ロボットは図8-3のような外観をしています。タミヤの工作キットのユニバーサルプレートLをそのまま用い、左右3脚ずつ、計6本の脚がある構造です。最終的にはこのユニバーサルプレートLの上に、Raspberry Pi、ブレッドボード、サーボモーター用乾電池、Raspberry Pi用バッテリーを搭載し、スマートフォンやPCなどのブラウザから無線操作することを目指します。その状態まで順を追って解説していきます。

左右の脚は図8-3（B）のように左右で構造が異なりますので注意しましょう。L形アームにピンバイスで2mm径の穴をあけてサーボモーターを固定する方法は図6-10（202ページ）を参考にしてください。

また、サーボモーターにサーボホーンを取り付ける際は**6.2.4**で学んだように、サーボモーターを0度の状態にしてから行うのでした。その方法の一つとして、**6.2.4**で行ったようにRaspberry Pi本体が出力するハードウェアPWM信号を用いる方法があります。6脚ロボットをソフトウェアPWM信号で制御しようという方はこの方法を用いるしかありませんので、**6.2.4**を参考にサーボホーンを取り付けてください。

8章 6脚ロボットを操作してみよう

(A)
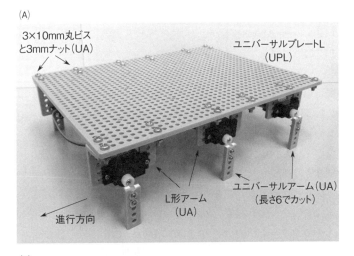

(B)
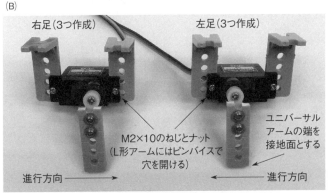

図8-3 6脚ロボットの構成

8.2.2 PCA9685搭載サーボドライバーによるサーボモーターの調整

一方、PCA9685搭載サーボドライバーを用いる方は、この

ドライバーを用いてサーボモーターを0度に合わせることもできます。PCA9685搭載サーボドライバーの動作確認にもなりますので、試してみましょう。

PCA9685搭載サーボドライバーはI^2CによりRaspberry Piと通信を行いますので、I^2Cを有効にする必要があります。**4.1.3**にて解説していますので、いったん戻って設定とツールのインストールを済ませてください。

●回路の作成

設定とインストールが終わったら、図8-4のような回路を作成しましょう。6章で行ったように、ブレッドボード上部の＋／－のラインにRaspberry Piの3.3V/GNDを接続し、下部の＋／－のラインにサーボモーター用乾電池を接続しています。さらに、両者の－信号を結んでGNDを共通にしていることに注意しましょう。

なお、乾電池の電池ボックスのスイッチは、回路が完成するまではOFFにしておき、完成してからONにするのが安全です。

サーボモーターは基板上の0から15のピンのどれかにさしましょう。ジャンパーワイヤを用いず、基板上のピンに直接して構いません。後に実行するプログラムでは、サーボモーターを0度に動かすPWM信号をすべての番号のピンから出力します。このとき、サーボモーターの黒または茶のケーブルがGNDのピンにささる向きでとりつけましょう。基板の中央付近に書かれているPWM、V+、GNDという文字でGNDの位置を読み取ることができます。

8章 6脚ロボットを操作してみよう

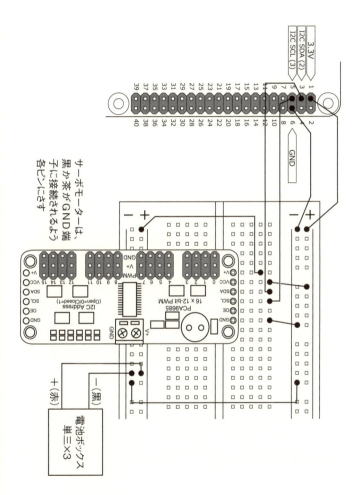

図8-4 PCA9685搭載サーボドライバーでサーボモーターを0度に合わせるための回路

●プログラムの実行

 回路が完成したら、サーボモーターを0度に動かすためのプログラムを実行しましょう。今までどおり、**2.4.2**に従い起動したidleでプログラムbb2-08-01-zero-pca9685.pyを読み込んで実行しましょう。サーボモーターが0度の位置まで回転するはずです。この状態でサーボホーンを277ページの図8-3 (B) のように取り付けます。

 サーボホーンを取り付け終わったら、**6.2.4**で行ったように、プログラムを動かした状態で下記の確認を行いましょう。

 (1) 電池ボックスのスイッチをOFFにする
 (2) サーボホーンを手で回し、0度の位置からずらす
 (3) その状態で電池ボックスのスイッチをONにする

 以上の操作で、サーボホーンが0度の位置まで自動的に戻るのでした。ここまでで挙動のおかしいサーボモーターがあったらそれを除外して機体を作成してください。

 もし、どのサーボモーターも全く動かないという場合、前ページの図8-4の回路、**4.1.3**におけるI²Cの設定、サーボドライバーのはんだ付けなどにミスがないかチェックしてください。乾電池が切れていないことも重要です。

●プログラムの解説

 サーボモーターを0度の位置まで動かすプログラムbb2-08-01-zero-pca9685.pyは比較的短くて理解しやすいのでここで解説しておきましょう。

```python
# -*- coding: utf-8 -*-
from time import sleep
import smbus
import math

def resetPCA9685():
    bus.write_byte_data(address_pca9685, 0x00, 0x00)

def setPCA9685Freq(freq):
    freq = 0.9*freq # Arduinoのライブラリより
    prescaleval = 25000000.0    # 25MHz
    prescaleval /= 4096.0       # 12-bit
    prescaleval /= float(freq)
    prescaleval -= 1.0
    prescale = int(math.floor(prescaleval + 0.5))
    oldmode = bus.read_byte_data(address_pca9685, 0x00)
    newmode = (oldmode & 0x7F) | 0x10                           # スリープモード
    bus.write_byte_data(address_pca9685, 0x00, newmode) # スリープモードへ
    bus.write_byte_data(address_pca9685, 0xFE, prescale) # プリスケーラーをセット
    bus.write_byte_data(address_pca9685, 0x00, oldmode)
    sleep(0.005)
    bus.write_byte_data(address_pca9685, 0x00, oldmode | 0xa1)

def setPCA9685Duty(channel, on, off):
```

```
25      channelpos = 0x6 + 4*channel
26      try:
27          bus.write_i2c_block_data(address_pca9685, channelpos, [
    on&0xFF, on>>8, off&0xFF, off>>8] )
28      except IOError:
29          pass
30
31  bus = smbus.SMBus(1)
32  address_pca9685 = 0x40
33
34  resetPCA9685()
35  setPCA9685Freq(50)
36
37  for i in range(16):
38      setPCA9685Duty(i, 0, 276)
39
40  try:
41      while True:
42          sleep(1)
43
44  except KeyboardInterrupt:
45      pass
```

プログラム 8-1　サーボモーターを0度の位置に合わせるためのプログラム

●PCA9685搭載サーボドライバーの初期化

　これまでのプログラム同様、プログラム8-1は58ページの図2-15（B）の形式で書かれています。冒頭でいくつかの関数

が定義されており、その後初期化処理に進んでいることがわかります。初期化処理の中に下記の命令があり、1つ目はPCA9685搭載サーボドライバーをリセットする命令、2つ目はPCA9685搭載サーボドライバーの出力するPWM信号の周波数を50Hzに設定する命令です。

```
resetPCA9685()
setPCA9685Freq(50)
```

　この2つはファイルの冒頭で定義されている関数です。それらの中身を理解する必要は必ずしもありませんが、1点だけ補足があります。setPCA9685Freq関数の中で下記のように周波数（freq）を0.9倍しているところがあります。

```
freq = 0.9*freq # Arduinoのライブラリより
```

　Adafruit製のPCA9685搭載サーボドライバーでは周波数の数値として50を与えると56Hz程度のPWM信号が出力されてしまいます。そのため、周波数にあらかじめ0.9をかけ、50HzのPWM信号が出力されるようにしているのが上記の命令です。この命令はArduino用のライブラリを参考に追加しました。

●デューティ比の設定

　さて、周波数を設定したら次にデューティ比を設定します。6章で学んだように、サーボモーターに対してはパルス幅0.7ミリ秒から2ミリ秒、すなわちデューティ比3.5%から10%の

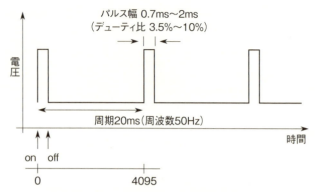

図8-5 PCA9685搭載サーボドライバーへのデューティ比の指定方法

PWM信号を用いることが多いのでした。図8-5に示したように、PCA9685搭載サーボドライバーでは、デューティ比100%を4095に換算した数値を設定に用います。ですから、サーボモーターの0度に相当するデューティ比6.75%は

 6.75 × 4095/100 = 276.4125

と計算されるので276という数値に対応します。

さらに、デューティ比をセットする場合、パルス幅に対応する数値ではなく、パルスがLOWからHIGHに切り替わる時間（on）とHIGHからLOWに切り替わる時間（off）の2つの数値を設定します。この場合、onの値を0にしておくと、offの値はパルス幅に対応する数値に対応するので簡単です。

たとえば2番のピンに接続されたサーボモーターを0度に合わせたい場合、次の命令を実行します。関数に渡している3つの数値は、順にサーボモーターを接続するピンの番号、onの

値、offの値です。

```
setPCA9685Duty(2, 0, 276)
```

●すべてのピンにPWM信号を出力

　実際のプログラムでは下記のようにforループと呼ばれるものを用いて、16個すべてのピンに対して、サーボモーターを0度の位置に動かす信号を出力させています。

```
for i in range(16):
    setPCA9685Duty(i, 0, 276)
```

　1行目は「iの値を0から15まで変えながら、16回命令を実行する」という意味です。iの値が0から15まで変化するため、ピン0からピン15のすべてにデューティ比がセットされるわけです。

●whileループ

　以上でPWM信号が出力されますので、プログラムのメイン部であるwhileループではsleep命令を実行するだけの何もしないプログラムとなっています。いつも通りCtrl-cでプログラムは終了しますが、PCA9685搭載サーボドライバーからはPWM信号が出力され続けます。

　以上でPCA9685搭載サーボドライバーを用いてサーボモーターを0度の位置に動かすことができるようになりました。後はサーボモーターにサーボホーンを取り付け、機体を完成させましょう。

8.3 6脚ロボットの動作確認

前節で完成させた6脚ロボットの機体を、本節ではRaspberry Piを用いて動かしてみましょう。まずは、どのように脚を動かせばロボットが歩くのか、イメージを摑むところから始めましょう。

8.3.1 サーボモーターの番号の定義と前進の流れ

●サーボモーターの番号

まず、6個あるサーボモーターの番号を、図8-6のように決めましょう。図8-6はロボットの機体を上から見た図です。番号を決めておかないと、プログラムから「どの脚を何度動かすか」という指令が与えられませんね。この番号はサーボドライバーのピンの番号と同じとしますので、後にサーボモーターをサーボドライバーに接続する際は注意しましょう。

なお、以下の解説はこの番号を、サーボモーターを示す場合とロボットの脚を示す場合の両方のケースで用います。1つのサーボモーターが1つの脚に対応しますから、混同する心配はありません。

ところで、この番号0～5の順番はあまり自然な並びには見

図8-6
6脚ロボットの
サーボモーターと
脚につける番号

えませんね。後に解説しますが、この6脚ロボットは図中の番号（0、1、2）のサーボモーター、および（3、4、5）のサーボモーターをそれぞれ同時に動かすことが多いのです。そのため、このような順番で番号を決めたほうが、プログラムを短く書くことができます。

● **機体を前進させる流れ**

ここからは、定めたサーボモーターの番号を用いて、6脚ロボットがどのように前進するのかを解説します。図8-7（A）は6脚ロボットが静止している状態です。この時、図8-7（B）のように（0、1、2）の脚を進行方向に振り上げます。このとき、6脚ロボットは（3、4、5）の3本の脚で地面に立って（接地して）います。

3本の脚を振り上げても、接地している脚が3本あれば、このロボットは安定して立っていられます。もしこのロボットが2脚ロボットや4脚ロボットだった場合、半分の脚を振り上げると、接地している脚はそれぞれ1本と2本です。これではバ

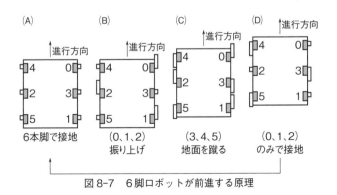

図8-7　6脚ロボットが前進する原理

ランスを崩すと倒れてしまうことが容易に想像できるでしょう。このように6脚ロボットは転倒することを心配する必要があまりなく、非常に取り扱いやすいロボットなのです。

さて、次のステップでは前ページの図8-7（C）のように、接地している（3、4、5）の脚で地面を後方に蹴り、機体を前方に進めます。これらの挙動は人間の歩行と似ていますので、比較してみると理解しやすいのではないかと思います。この動作の結果、すべての脚で接地した状態になります。また、すべての脚が前方か後方に曲げられていますので、機体の高さは低くなっています。

次に、図8-7（D）のように（0、1、2）のサーボモーターを0度の状態に戻すことで、さらに機体が前方に進み、機体は（0、1、2）の脚のみで接地した状態になります。

最後に（3、4、5）の脚も0度の状態に戻し、図8-7（A）の状態に戻ります。

以上のプロセスを前進フェーズ1と呼ぶことにしましょう。

●機体の前進フェーズ2および前進の完成

図8-7の前進フェーズ1は、（0、1、2）の脚を先に振り上げるものでした。一方、人間の歩行を思い出すと、（3、4、5）の脚を先に振り上げる前進パターンもあることがわかるでしょう。そこで、（3、4、5）の脚を先に振り上げる前進パターンを前進フェーズ2と呼びます。

そして、前進フェーズ1と前進フェーズ2を交互に実行することで、この6脚ロボットを前進させ続けるものとします。

後に改めて解説しますが、プログラム上では前進フェーズ1と前進フェーズ2をそれぞれforwardPhase1およびforward

Phase2という関数で定義しています。forwardとは「前方へ」を表す英語です。さらに、forwardPhase1とforwardPhase2を1回ずつ順番に呼び出す動作をforwardMoveという関数で定義しています。前進フェーズ1と前進フェーズ2との1セットを前進動作として定義しているわけです。

●**後退の定義**

以上でロボットの前進動作を理解できました。この動作に対し、脚の前後の振りを逆にすると後退が実現できることがわかります。前進と同様に、backwardPhase1とbackwardPhase2という関数を定義し、それを呼び出すbackwardMoveという関数も定義します。backwardとは「後方へ」を表す英語です。

●**回転動作の定義**

最後は回転動作です。この6脚ロボットはその場で右回転および左回転することができます。図8-8は右回転の仕組みを解

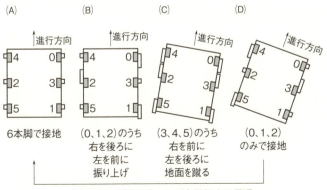

図 8-8　6脚ロボットが右回転する原理

説したものです。順に見てみましょう。

まず前ページの図8-8（B）のように、（0、1、2）の脚のうち（0、1）を後ろに、2を前に振り上げます。これは、機体の右側を後ろに、左側を前に動かして機体を右回転させることを意図しています。

次に、図8-8（C）のように（3、4、5）の脚のうち3を前に、（4、5）は後ろに地面を蹴ります。ここで機体が少し右回転し、機体は6本の脚で接地します。

次に、図8-8（D）のように（0、1、2）の脚を0度の状態に戻し、接地させます。ここで機体はさらに右に回転します。

最後に（3、4、5）の脚を0度の状態に戻して図8-8（A）に戻ります。

前進と同様、この動作をrotateRightPhase1と定義します。rotateとは「回転する」という意味の英語です。さらに同様にrotateRightPhase2も定義し、それらを順に呼び出すrotateRightMoveも定義します。

左回転についても同様です。

●サーボモーターへの指示

以上で6脚ロボットの動作原理を理解できました。すべての動作を見ると、サーボモーターの動作には静止状態、前方振り上げ、後方振り上げの3状態しかないのがわかります。それを図示したのが図8-9です。静止状態をNEUTRAL、前方振り上げをLEG_F、後方振り上げをLEG_Bと名づけているのですが、一点注意があります。同じ前方振り上げでも右脚と左脚でデューティ比としてサーボモーターに与える数値が異なるので

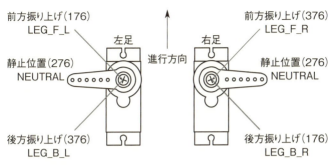

PCA9685ではデューティー比3.5%〜10%(中心6.75%)は
143〜410(中心276)に対応する
(デューティ比100%が4095に対応)

図8-9 左右のサーボモーターでデューティ比の指定が異なることの注意

す。この理由は、右脚の前方振り上げ動作はサーボモーターの反時計周りの回転に対応し、左脚の前方振り上げ動作はサーボモーターの時計周りの回転に対応するからです。そのため右脚の前方振り上げ動作と後方振り上げ動作をそれぞれLEG_F_RとLEG_B_R、左脚の前方振り上げ動作と後方振り上げ動作をそれぞれLEG_F_LとLEG_B_Lとして区別することにします。

8.3.2　6脚ロボットの動作確認

●回路の作成〜PCA9685搭載サーボドライバーを用いる場合

以上で6脚ロボットを動作させるための予備知識を理解できました。それでは実際にプログラムで動かして確認してみましょう。作成する回路は、PCA9685搭載サーボドライバーを用いるかソフトウェアPWM信号を用いるかで2種類あります。

PCA9685搭載サーボドライバーを用いる場合、サーボモーターを0度に合わせるための回路である279ページの図8-4を

そのまま用います。6個のサーボモーターをすべてサーボドライバーに接続する必要があります。279ページの図8-4のときと同様、サーボモーターのコネクタは基板上のピンに直接さしましょう。その際、286ページの図8-6で定義したサーボモーターの番号と、サーボドライバー上の番号を合わせて接続してください。サーボモーターの黒または茶色のケーブルをGND側に揃えて接続することも重要です。

なお、その接続をするためには、Raspberry Pi、ブレッドボード、サーボモーター用の乾電池ボックスの3点をすべて6脚ロボットの上に載せる必要があります。その際、重要な注意が一点あります。それは、Raspberry Piをケースに入れた状態でロボットの機体に載せるべきだということです。ロボットの機体には277ページの図8-3のように、3×10mmの丸ビスがあります。これとRaspberry Piを接触させてしまうと、Raspberry Piがショートして壊れてしまうことがあり得ます。そのため、Raspberry Piは必ずケースに入れてから機体に載せましょう。

なお、現時点ではロボットの機体に載せる物品を固定する必要はなく、上に載せるだけで結構です。ここで行うのは動作確認であり、激しい動きはさせないからです。

●回路の作成～ソフトウェアPWM信号を用いる場合

一方、ソフトウェアPWM信号でロボットを動かすという場合は、294～295ページの図8-10のような回路を作成してください。この場合もRaspberry Pi、ブレッドボード、サーボモーター用の乾電池ボックスの3点を6脚ロボットの上に載せる必要がありますので、上記の注意をよく読んでから行ってくだ

8章 6脚ロボットを操作してみよう

さい。なお、図8-10では図を見やすくするために6個のサーボモーターのうち1個だけを図示しています。残りのサーボモーターの接続は図中の指示に従ってください。

●プログラムの実行

それでは、ロボットの動作検証を行うプログラムを実行しましょう。6脚ロボットを置く場所は、滑らかなテーブルの上など、摩擦が少ないところをお勧めします（その理由は後に説明します）。

PCA9685搭載サーボドライバーを用いる方は**2.4.2**に従い起動したidleでbb2-08-02-6legs-pca9685.pyを読み込み、実行します。ソフトウェアPWM信号を用いる方はbb2-08-03-6legs-sw.pyです。

どちらのプログラムも、「前進→後退→右回転→左回転」をゆっくり繰り返すプログラムになっています。具体的には、287ページの図8-7（A）〜（D）の各動作の時間間隔を1秒間としています。静止させたければCtrl-cをキーボードで入力してプログラムをとめます。

なお、現時点ではRaspberry PiにHDMIケーブル、電源ケーブル、マウス、キーボードが接続されており、これらのケーブルにロボット本体が引っ張られる影響でうまく動作しないかもしれません。そのような場合、Raspberry Piをケースごと手で持ち上げ、各種ケーブルの影響がロボット本体に及ばないようにすると、スムーズに動作すると思います。

うまく動作しない場合、回路は正しいか、サーボモーターの番号と取り付けるべき場所が合っているか、サーボモーターの向き（茶または黒がGND）が正しいか、乾電池は切れていな

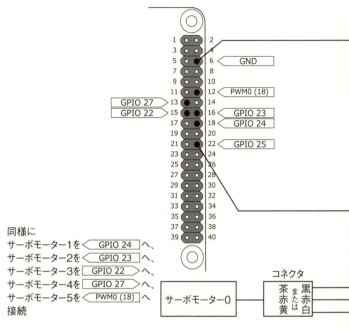

図 8-10　ソフトウェア PWM 信号で 6 脚ロボットを動かすための回路

いかを確認しましょう。

●ソフトウェアPWM信号を用いる際の注意

なお、ソフトウェアPWM信号を用いるプログラムを実行すると、PWM信号の精度が低い影響で、ロボットの機体が常にブルブルと大きく震えてしまいます。これは、ソフトウェアPWM信号を使う以上やむを得ないことですので、可能な限りPCA9685搭載サーボドライバーを入手することを推奨します。PCA9685搭載サーボドライバーを用いるとどのような動

8章 6脚ロボットを操作してみよう

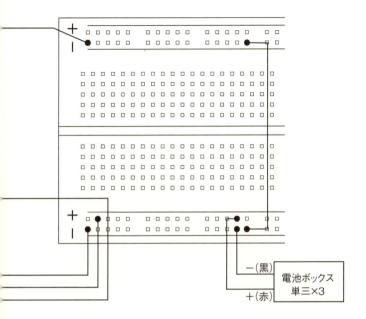

作になるかは、本書サポートページに動画がありますので、そちらをご覧になってご確認ください。

●機体の震え（ハンチング）について

　ソフトウェアPWM信号を用いると、信号の精度の低さから機体が常に震えると述べました。一方、PCA9685搭載サーボドライバーからのハードウェアPWM信号を用いても機体がブルブルと震えることがあります。これはソフトウェアPWM信号の場合とは全く別の原因で起こる現象で、ハンチングといい

ます。

　ソフトウェアPWM信号による震えと異なり、ハンチングによる震えは、手などで機体を押さえると一時的に止めることができるので区別できます。

　ここではこのハンチングについて解説しましょう。

　サーボモーターは目標角度を指定するとその角度まで回転して静止します。このとき、軸の角度が目標角度から行き過ぎてしまった場合、逆向きの力をかけ、行き過ぎから回復しようとします。その回復操作でも目標角度から行き過ぎてしまうと、サーボモーターはいつまでたっても目標角度に到達できず、震え続けてしまいます。これがハンチングという現象です。ハンチングは、サーボモーターを使っている限り、常に起こりうる現象です。市販の二足歩行ロボットなどに使われる高価なモーター（1個5000円以上のものも多くあります）ではハンチングを避ける仕組みが含まれていることが多いのですが、今回我々が用いているSG90にはそのような機能はついていませんので工夫によりハンチングを避けるしかありません。

●ハンチング対策

　サーボモーターにかける電圧の大きさや、周りの環境から受ける力の程度によってハンチングは起こりやすくなります。たとえば、今回乾電池3個で6脚ロボットを動かしていますが、乾電池4個で動かすと、ハンチングは起こりやすくなります。また、6脚ロボットを摩擦の小さい滑らかなテーブルの上で動かすことをお勧めしましたが、これをリノリウムの床のように少し摩擦の大きなところで動かすと、やはりハンチングは起こりやすくなります。

ハンチングを起こりにくくするためには、サーボモーターとタミヤの工作キットをしっかりと固定して振動が起こりにくいようにすること、6脚ロボットの上に物品を配置する場合に、なるべく重心を機体の中心に寄せることなども重要です。さらに、重心を低くすることでも安定性を高めることができます。今回6脚ロボットの脚をかなり短く作成しましたが、これも振動が起きにくいようにするためです。

●プログラムの解説

それでは、用いたプログラムを簡単に解説しましょう。解説するのはPCA9685搭載サーボドライバー用のbb2-08-02-6legs-pca9685.pyのみとします。このプログラムは、前進、後退、右回転、左回転の動作のパターンをすべて含む非常に長いものです。そのため、全プログラムを掲載することはせず、287ページの図8-7で解説した前進操作のみに絞って解説しましょう。

```python
(略)
48 def forwardPhase1(delay):
49     setPCA9685Duty3(0, 0, LEG_F_R, 0, LEG_F_R, 0, LEG_F_L)
50     sleep(delay)
51     setPCA9685Duty3(3, 0, LEG_B_R, 0, LEG_B_L, 0, LEG_B_L)
52     sleep(delay)
53     setPCA9685Duty3(0, 0, NEUTRAL, 0, NEUTRAL, 0, NEUTRAL)
54     sleep(delay)
55     setPCA9685Duty3(3, 0, NEUTRAL, 0, NEUTRAL, 0, NEUTRAL)
56     sleep(delay)
```

```python
 57
 58  def forwardPhase2(delay):
 59      setPCA9685Duty3(3, 0, LEG_F_R, 0, LEG_F_L, 0, LEG_F_L)
 60      sleep(delay)
 61      setPCA9685Duty3(0, 0, LEG_B_R, 0, LEG_B_R, 0, LEG_B_L)
 62      sleep(delay)
 63      setPCA9685Duty3(3, 0, NEUTRAL, 0, NEUTRAL, 0, NEUTRAL)
 64      sleep(delay)
 65      setPCA9685Duty3(0, 0, NEUTRAL, 0, NEUTRAL, 0, NEUTRAL)
 66      sleep(delay)
 67
 68  def forwardMove(delay):
 69      forwardPhase1(delay)
 70      forwardPhase2(delay)
 71
     (略)
150
151  resetPCA9685()
152  setPCA9685Freq(50)
153
154  NEUTRAL = 276
155  LEG_F_R = NEUTRAL + 100
156  LEG_F_L = NEUTRAL - 100
157  LEG_B_R = NEUTRAL - 100
158  LEG_B_L = NEUTRAL + 100
159
160  DELAY = 1.0
```

```
161
162 try:
163     while True:
164         forwardMove(DELAY)
165         backwardMove(DELAY)
166         rotateRightMove(DELAY)
167         rotateLeftMove(DELAY)
168
169 except KeyboardInterrupt:
170     stopMove(DELAY)
171     pass
```

プログラム8-2　6脚ロボットの動作確認プログラムの一部

　冒頭ではforwardPhase1、forwardPhase2、forwardMoveという関数が定義されています。forwardPhase1は287ページの図8-7で解説した動作そのものをプログラムで記述しており、forwardPhase2はそれを左右対称にしたものです。そしてそれらを順に1回ずつ呼び出すのがforwardMoveです。

　forwardPhase1ではまず下記の命令が実行されます。これは図8-7（B）の動作を1命令で実行するものです。

```
setPCA9685Duty3(0, 0, LEG_F_R, 0, LEG_F_R, 0, LEG_F_L)
```

　8.2.1のプログラム8-1で解説した方法では上記の命令はsetPCA9685Duty命令を用いて次の3行で書けます。サーボモーター0、1、2にそれぞれのデューティ比をセットする命令です。これを、新たに定義したsetPCA9685Duty3という関数を

用いて1命令で書けるようにしています。

```
setPCA9685Duty(0, 0, LEG_F_R)
setPCA9685Duty(1, 0, LEG_F_R)
setPCA9685Duty(2, 0, LEG_F_L)
```

その次の動作を表す以下の命令は、冒頭の数字が3ですから、サーボモーター3、4、5に対する指令になっています。

```
setPCA9685Duty3(3, 0, LEG_B_R, 0, LEG_B_L, 0, LEG_B_L)
```

LEG_F_RやLEG_F_Lなどの変数は、291ページの図8-9に記した数値が初期化部で定義されています。

さらに、初期化部の「DELAY = 1.0」という命令では、各動作間の時間を1秒と定めています。6脚ロボットの完成形ではこの数値を0.15秒とし、速い動作を実現します。これより短い時間を設定するとロボットの誤動作が増えますので、設定しないようにしましょう。

あとは、プログラムメインのwhileループで、前進、後退、右回転、左回転を繰り返し呼び出していることがわかるでしょう。

8.4 ブラウザによる6脚ロボットの操作

8.4.1 ブラウザから6脚ロボットを操作するための準備

それでは、本節からは6脚ロボットをスマートフォンやPC

のブラウザで操作することを目指しましょう。そのためには、5章や6章で用いたWebIOPiというソフトウェアを用います。もし5章や6章でWebIOPiを用いた演習を行っていないという方は、先に進む前に**付録B**を参考にWebIOPiのインストールと動作確認までを行ってください。

WebIOPiのインストールが済んだら、本章で用いているPCA9685搭載サーボドライバーをWebIOPiから使用できるようにします。このサーボドライバーはI^2CでRaspberry Piと通信しますので、WebIOPiからI^2Cを利用可能にする必要があります。WebIOPiはPythonのバージョン3で動作しますので、下記のインストール操作が必要となります。

ターミナルソフトウェアLXTerminalを起動して、下記のコマンドを順に実行しましょう。

(1) `sudo apt-get update`
(2) `sudo apt-get install python3-smbus`

(1)でインストールできるパッケージのリストを取得し、(2)でPython3でI^2Cを利用可能にするパッケージをインストールします。どちらもネットワーク環境によっては終了まで数分かかるかもしれません。

この際、「続行しますか？」や「検証なしにこれらのパッケージをインストールしますか？」と聞かれることがありますので、その場合はそれぞれキーボードの[y]をタイプした後[Enter]キーを押して続行してください。以上でインストールは終わりです。

8.4.2 WebIOPi実行のための準備

それでは、ここからWebIOPiを実行して動作確認をしていきましょう。作成する回路は、**8.2～8.3**で作成したものと同じく、PCA9685搭載サーボドライバーを用いる場合は279ページの図8-4、ソフトウェアPWM信号を用いる場合は294～295ページの図8-10です。**8.3**と同じく、まだロボット上に置いた物品は固定しなくても構いません。

この回路をブラウザで制御するためには、**付録B.5**でコピーしたサンプルに含まれている /usr/share/webiopi/htdocs/bb2/03（または04）ディレクトリ内にあるPythonプログラム script.pyを用います。以下のように設定ファイルを編集してこの演習用のPythonプログラムを読み込むよう設定してからWebIOPiを起動しましょう。

まず、**付録B.5**で学んだように、ターミナルで次のコマンドを実行し、設定ファイル/etc/webiopi/configを管理者権限のleafpadで開きます。このとき、ターミナルにいくつか警告が表示されることがありますが、気にしなくても構いません。

```
sudo leafpad /etc/webiopi/config
```

PCA9685搭載サーボドライバーを用いる場合、この中のSCRIPTSセクションに下記の1行を追加します。

```
#myscript = /home/pi/webiopi/examples/scripts/macros/script.py
myscript = /usr/share/webiopi/htdocs/bb2/03/script.py
```

1行目がもとからある行、2行目が追加した行です。この設定ファイルでは先頭に「#」がついた行はコメントとして無視されますので、もとからある行は記入例を示した行です。それにならい、「#」のつかない行を追加して、本項のPythonプログラムを読み込むよう指定しています。なお、他の章でWebIOPiを実行した方はそこで追加した行がさらにあると思いますが、それらの行の先頭にも「#」を追加し、「#」のつかない行が今回の1行だけになるようにしてください。追加したら保存してからleafpadを閉じ、先に進みます。

なお、ソフトウェアPWM信号を用いる方は、上の記述のうち「03」というディレクトリ名を「04」と読み替えて変更してください。

8.4.3 WebIOPiを用いた動作確認

●WebIOPiの起動

それでは**付録B.3**で学んだように、WebIOPiを起動しましょう。まず「`ps ax | grep webiopi`」コマンドでWebIOPiがすでに起動していないか確認してから、NOOBS 1.4.2以降を用いている方は「`sudo systemctl start webiopi`」コマンドで起動し、NOOBS 1.4.1またはそれ以前のバージョンを用いている方は「`sudo /etc/init.d/webiopi start`」コマンドで起動してください。すでにWebIOPiが起動されていた場合、NOOBS 1.4.2以降の場合「`sudo systemctl stop webiopi`」コマンドで停止し、NOOBS 1.4.1またはそれ以前のバージョンを用いている方は「`sudo /etc/init.d/webiopi stop`」コマンドで停止してからWebIOPiを起動しなおしましょう。

●動作確認

　PCA9685搭載サーボドライバーを用いる場合、PCやスマートフォンのブラウザで下記のアドレスにアクセスしてください。IPアドレスは皆さんのRaspberry Piに割り当てられたものに読み替えてください。また、**付録B.4**で学んだように「http://」を省略しないことに注意してください。今回はさらに、末尾の「/」（スラッシュ）も忘れずに記述するよう注意してください。このスラッシュを記述しないと、プログラムが正しく読み込まれません。

http://192.168.1.3:8000/bb2/03/

　先ほどと同様、ソフトウェアPWM信号を用いる方は、上のアドレスのうち「03」の部分を「04」と読み替えてください。
　正しくページが開かれると、図8-11のようなページが現れます。設定によってはパスワードを聞かれますので、**付録B.4**で学んだように入力してください。デフォルトではユーザー名は「webiopi」、パスワードは「raspberry」でしたね。このページにアクセスできないときは、「ネットワーク構成が正しいか」、「IPアドレスが正しいか」、「WebIOPiが起動されているか」をチェックしてください。
　図8-11はあるタブレットデバイスでの画面です。PCのブラウザでもおおむね同様のページを閲覧できるはずです。正方形のコントローラーが、直線によって4つのエリアに区切られています。この4つのエリアが前進、後退、右回転、左回転に対応しています。
　操作方法はスマートフォンやタブレットなどのタッチデバイ

8章　6脚ロボットを操作してみよう

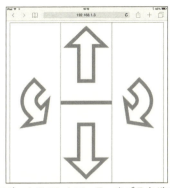

図 8-11　6脚ロボットのコントローラーをブラウザで表示したところ

スと PC とで異なります。タッチデバイスの場合、画面の各エリア内をタッチしている間、6脚ロボットは動き続け、指を離すとロボットは静止します。PC の場合、エリア内でマウスをクリックすると6脚ロボットは動作を始め、正方形のコントローラーの中心付近をクリックすることで、ロボットは静止します。なお、Windows タブレットは PC と同じ操作方法になりますので注意してください。

なお、図 8-11 のコントローラーは現れるものの6脚ロボットが動作しないという場合、/etc/webiopi/config 内の myscript の設定が正しいかをチェックしてください。PCA9685 搭載サーボドライバーを用いる場合は 03 のディレクトリ、ソフトウェア PWM 信号を用いる場合は 04 のディレクトリを指定することが重要です。

8.4.4 プログラムの自動起動

●6脚ロボット完成までに乗り越えるべき課題

さて、前項でブラウザによる6脚ロボットの操作が実現しました。次に目指すのは、Raspberry Piからディスプレイ、マウス、キーボード、電源ケーブルを取り外し、6脚ロボットにつながるケーブルをなくすことです。これまでRaspberry Piを一般的なPCのように扱ってきましたが、ここからは6脚ロボットを制御するための回路として取り扱おう、ということです。

筆者が作成した6脚ロボットの完成状態が図8-12です。Raspberry Piにはディスプレイ、マウス、キーボードが接続されておらず、電源はスマートフォン用のモバイルバッテリーから供給されるようにしています。この状態でRaspberry Piの電源を入れると、そのままブラウザから6脚ロボットが操作できる状態になります。

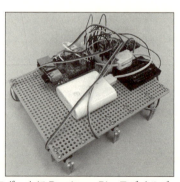

図8-12 6脚ロボットにRaspberry Pi、モバイルバッテリー、ブレッドボード、乾電池を搭載したところ

このような動作を実現するためにはいくつかの課題があります。それを列挙してみましょう。

(1) Raspberry Piの電源を入れたときにWebIOPiが自動的に起動し、ブラウザからの命令を待ち受ける状態にしなければならない
(2) Raspberry Piに割り振られるIPアドレスを、ディスプレイがなくてもわかるようにしなければならない
(3) ディスプレイ、マウス、キーボードなしでRaspberry Piの電源を落とせなければならない

以下ではこれらの課題を順に解決していきます。この時点では回路や6脚ロボットは**8.4.3**で動作確認した状態のままで構いません。

●WebIOPiの自動起動

WebIOPiを自動起動する方法は**付録B.3**で学びました。用いているNOOBSのバージョンにより異なるのでした。

NOOBS 1.4.2以降のバージョンを用いている方は、ターミナルで次のコマンドを実行すると、以後Raspberry Piを起動したときにWebIOPiが自動的に起動するようになります。

```
sudo systemctl enable webiopi
```

NOOBS 1.4.1かそれ以前のバージョンを用いている方は、ターミナルで次のコマンドを実行すると、以後Raspberry Piを起動したときにWebIOPiが自動的に起動するようになりま

す。

```
sudo update-rc.d webiopi defaults
```

　実際にコマンドを実行し、Raspberry Piを再起動してみてください。起動の完了後、**8.4.3**で行ったようにブラウザで6脚ロボットを操作できるか確認してみましょう。

●LCDへのIPアドレスの表示

　すでに経験したように、ブラウザで6脚ロボットを操作するには、Raspberry PiのIPアドレスを知る必要があります。一般的なネットワークのルーターでは、Raspberry PiやPCなどの機器に割り当てられるIPアドレスは起動のたびに変更される可能性があります。ルーターに接続される機器が少ない場合は毎回同じIPアドレスとなることが多いでしょうが、それが変わる可能性はゼロではないということです。そのため、割り当てられるIPアドレスを知る方法が必要です。

　そのために、ここでは4章で使用したLCDを用います。ただし、4章で用いたものをそのまま用いるとうまく動作しないことがあります。**8.1.2**の注意をよく読み、必要に応じて対策を行ってください。

　PCA9685搭載サーボドライバーを用いる場合、図8-13のように回路にLCDを追加してください。後にシャットダウンスイッチとして用いるタクトスイッチもあわせて追加しています。ソフトウェアPWM信号を用いる場合、310～311ページの図8-14のように回路にLCDとタクトスイッチを追加してください。

8章 6脚ロボットを操作してみよう

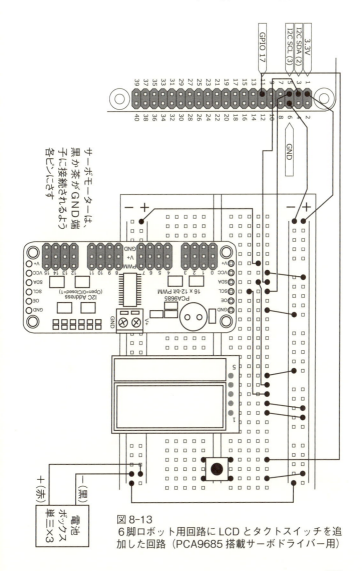

図8-13
6脚ロボット用回路にLCDとタクトスイッチを追加した回路（PCA9685搭載サーボドライバー用）

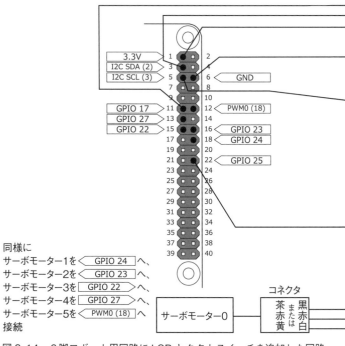

図8-14 6脚ロボット用回路にLCDとタクトスイッチを追加した回路（ソフトウェアPWM信号用）

回路の変更が終わったら、下記のように管理者権限のleafpadで/etc/rc.localというファイルを編集用に開きます。

```
sudo leafpad /etc/rc.local
```

このファイルは、Raspberry Piを起動したときに自動的に起動したいプログラムを記述するためのファイルです。ここで

310

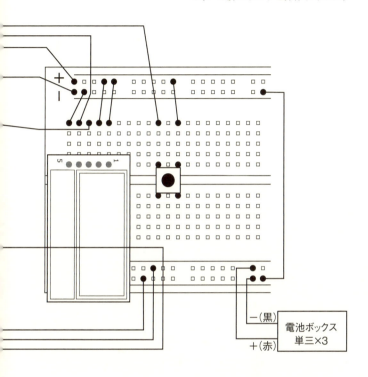

は、追加したLCDにRaspberry PiのIPアドレスを表示するプログラムを記述します。

leafpad上で、次のように「exit 0」と記された行を見つけ、その上に下記の1行を追加しましょう。

```
python /home/pi/bb2-08-04-lcd.py $_IP

exit 0
```

もし、**付録A**でサンプルファイルをbluebacksディレクトリにコピーした場合、追加する1行を下記のように変更してください。

```
python /home/pi/bluebacks/bb2-08-04-lcd.py $_IP
```

変更が完了したら、保存してleafpadを閉じましょう。

ここで追加した1行は、Raspberry Piの起動時にプログラムbb2-08-04-lcd.pyをPythonで実行することを意味します。このプログラムはLCDに文字列を表示するためのもので、4章で用いたbb2-04-03-lcd-practice.pyとほとんど同じです。ただし、4章のプログラムそのままではLCDへの表示に失敗することがあるので、成功するまで何回かトライを繰り返すよう変更したのが今回のプログラムです。その際、「$_IP」という文字列を渡していますが、これはコマンドライン引数と呼ばれるものです。ファイル/etc/rc.local内では「$_IP」はRaspberry Piに割り当てられたIPアドレスのことを表しますので、結果的にLCDにIPアドレスが表示されます。

なお、Raspberry Piの/etc/rc.localから実行されるプログラムは自動的に管理者権限となりますのでどのバージョンのNOOBSを用いていても「sudo」は不要です。

それでは、Rapsberry Piを再起動し、LCDにIPアドレスが表示されるか確認してみましょう。成功すると起動完了時に図8-15のようにIPアドレスが表示されます。

なお、IPアドレスの表示に成功するのは、「Raspberry PiにIPアドレスが割り振られる」→「LCDにIPアドレスが表示される」という順番で処理が行われたときのみです。ネットワー

8章 6脚ロボットを操作してみよう

図8-15 LCDにRaspberry PiのIPアドレスが表示された様子

ク構成やNOOBSのバージョンによっては、Raspberry PiにIPアドレスが割り振られるタイミングが遅く、LCDにIPアドレスが表示されない、ということがありました。その場合、LCDには「Raspberry Pi」と表示されます。そのような問題に直面した場合、/etc/rc.localの下記の位置に下記のように「sleep 10」と記入すると、LCDへのIPアドレスの表示を10秒遅らせることができ、LCDへIPアドレスを表示することに成功することがありました。

(略)
By default this script does nothing.

sleep 10

Print the IP address
(略)

ただし、こうするとRaspberry Piの起動が10秒遅くなることになりますので注意してください。また、「10」という数字はLCDの表示を遅らせる秒数ですので、環境により適切な秒

数に調節してください。

●シャットダウンスイッチ

最後に、Raspberry Piにシャットダウンスイッチを追加しましょう。スイッチ自体は309ページの図8-13または310～311ページの図8-14で取り付け済です。このタクトスイッチをシャットダウンスイッチとするには、タクトスイッチが押されたときにシャットダウンコマンドを実行するプログラムをあらかじめ起動しておかなければなりません。

また、シャットダウンスイッチに誤って触れただけでシャットダウンが実行されるのでは不便ですので、タクトスイッチを2～3秒長押ししたときにシャットダウンが実行されるようにします。

そのようなプログラムbb2-08-05-shutdown.pyを、LCDのときと同様ファイル/etc/rc.localに記述してRaspberry Piの起動時に自動的に実行されるようにしましょう。

先ほどと同様、管理者権限のleafpadで/etc/rc.localを編集用に開きます。

```
sudo leafpad /etc/rc.local
```

そして、LCD用のプログラムの実行命令の上に、シャットダウン用のプログラムの実行命令を下記のように追加しましょう。

```
python /home/pi/bb2-08-05-shutdown.py &
python /home/pi/bb2-08-04-lcd.py $_IP
```

```
exit 0
```

　先ほどと同様、サンプルファイルがbluebacksディレクトリに保存されている場合は追加する1行を下記に読み替えてください。

```
python /home/pi/bluebacks/bb2-08-05-shutdown.py &
```

　LCDに関する行と異なり、追加した行には末尾に「&」が記述されていることに注意してください。LCDのプログラムは、LCDへの表示が完了すると自動的にプログラムが終了するのに対し、今回のシャットダウン用プログラムはタクトスイッチが押されるのを待ち続けるプログラムであるからです。**2.4.2**で学んだように「&」をつけることで、そのプログラムがバックグラウンドで起動され、その後さらに別のプログラムを実行可能になるのでした。

　変更が完了したら、保存してleafpadを閉じてください。この状態ではまだシャットダウンボタンを有効にするプログラムは実行されていないので、マウスかキーボードをつかってRaspberry Piを再起動してください。

　再起動後はシャットダウンボタンを有効にするプログラムが実行されているはずですので、ブレッドボード上のタクトスイッチを2〜3秒間押し続けてみてください。それにより、シャットダウンが開始されます。このとき、Raspberry PiのLEDの点滅パターンをよく見て、どの状態になれば電源をRaspberry Piからは外してよいのか覚えておくとよいでしょう。

8.4.5 6脚ロボットの完成

8.4.4にて、必要なプログラムが自動起動することが確認できたら、Raspberry Piからディスプレイ、キーボード、マウスを取り外しさらに電源をスマートフォンのモバイルバッテリーなどに変更し、306ページの図8-12のような状態を実現します。

その際、各物品の配置には注意してください。図8-12のうち、モバイルバッテリーとサーボモーター用乾電池は非常に重いため、ロボットの端に配置するとロボットのバランスが悪くなってしまいます。そのため、図8-12ではなるべくモバイルバッテリーとサーボモーター用乾電池を中心に寄せて配置し、重心がロボットの中心付近にくるようにしています。

取り付けを簡単にするため、それぞれの物品は両面テープで6脚ロボットに取り付けました。ただし、277ページの図8-3のように3×10mmの丸ビスが邪魔になり、両面テープで物品を固定できないことがあります。その場合、タミヤ工作キットの余ったパーツを「ゲタ」のように間に挟み、3×10mmの丸ビスにぶつからないようにしました。

なお、図8-12では6脚ロボットの前方に少しスペースが空いていることがわかります。これは、先ほど述べたように重心が6脚ロボットの中心付近に来るようにするためでもありますが、次節で紹介するように、6脚ロボットの前方に6章で扱ったカメラ台を設置するためでもあります。興味のある方は配置の際に気をつけてください。

取り付けが完了したら、Raspberry Piを起動して動作を確認してください。

8章 6脚ロボットを操作してみよう

8.5　6脚ロボットへのカメラ台の取り付け

●カメラ台の取り付け

本章の最後に、さらなる応用として6章で作成したカメラ台を6脚ロボットに取り付けてみましょう。カメラの映像をブラウザで見つつ、6脚ロボットおよびカメラ台をブラウザで操作できる、というものです。

カメラ台を取り付ける目的は、6脚ロボットからの映像をブラウザで閲覧することにあります。このとき、6脚ロボットがソフトウェアPWM信号で制御されていると、機体が常に大きく震えているため送信される映像も常にぶれたものとなり、正常に映像を見ることはほとんどできません。そのため、カメラ台を取り付ける対象はPCA9685搭載サーボドライバーで制御された6脚ロボットのみとします。ご了承ください。

取り付けた様子が図8-16です。タミヤの工作キットで作成したカメラ台の写真となっていますが、SG90サーボ用カメラマウント A838で作成したものでももちろん構いません。な

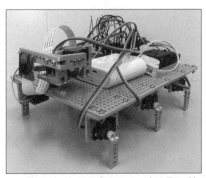

図8-16　6脚ロボットに6章のカメラ台を取り付けた様子

317

お、271ページの表8-1で述べたようにRaspberry Pi用カメラモジュールのケーブルは短いので、前ページの図8-16のような配置でカメラを取り付けてカメラを動かすことはできません。そのため、図8-16では表8-1で紹介した20cmのケーブルでカメラモジュールとRaspberry Piとを接続しています。

●動作確認の準備

用いる回路はこれまでと同じく309ページの図8-13です。カメラ台の横方向のサーボモーターはサーボドライバー上の6番のピンに、上下方向のサーボモーターは7番のピンに取り付けてください。

次に、映像配信の準備をします。以下、**6.6.1**で紹介したmjpg-streamerがインストール済みであるとして話を進めます。映像を配信するためには、6章と同じく**bb2-06-03-stream.sh**を用います。

いったんRaspberry Piにディスプレイ、マウス、キーボードを取り付け、bb2-06-03-stream.shが自動起動されるように設定しましょう。ターミナルを起動し、管理者権限のleafpadで/etc/rc.localを開きます。

```
sudo leafpad /etc/rc.local
```

そして、これまでのプログラムの実行命令の上に、映像配信用プログラムの実行命令を下記のように追加しましょう。

```
sh /home/pi/bb2-06-03-stream.sh
python /home/pi/bb2-08-05-shutdown.py &
```

```
python /home/pi/bb2-08-04-lcd.py $_IP

exit 0
```

　サンプルファイルがbluebacksディレクトリに保存されている場合は追加する1行を下記に読み替えるのでした。

```
sh /home/pi/bluebacks/bb2-06-03-stream.sh
```

　追加が終わったら保存してleafpadを終了します。

●WebIOPiの設定と動作確認
　そのまま、WebIOPiの設定変更も済ませてしまいましょう。/etc/webiopi/configを管理者権限のleafpadで開きます。

```
sudo leafpad /etc/webiopi/config
```

　そして、読み込むスクリプトファイルを下記のように05ディレクトリのものに変更します。

```
#myscript = /home/pi/webiopi/examples/scripts/macros/script.py
myscript = /usr/share/webiopi/htdocs/bb2/05/script.py
```

　保存したらleafpadを閉じましょう。そして、動作確認のためにRaspberry Piを再起動します。
　再起動が完了したら、ブラウザで動作を確認してみましょう。読み込むアドレスは次のように05番のものに変更します。

http://192.168.1.3:8000/bb2/05/

　これまで通り、「http://」を省略しないこと、末尾の「/」（スラッシュ）を忘れずに記述することに注意しましょう。

　うまくいくと、図8-17のような状態になり、映像を見ながら6脚ロボットとカメラ台の向きを操作することができます。もし、スマートフォンを縦に持ったときに上下方向のスライダーが画面の横に配置されない場合、ブラウザを再読み込みするか、スマートフォンを横に持ってお使いください。

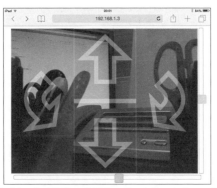

図8-17　カメラ台つき6脚ロボットのコントローラー

付録A

サンプルプログラムの活用方法

　本書で用いるプログラムをサポートページ（2ページで紹介）よりダウンロードして活用する方法を紹介します。なお、サポートページからはサンプルプログラム以外に、本書で用いる回路の配線図のPDFもダウンロードできます。合わせてダウンロードするとよいでしょう。

A.1　Raspberry Piをネットワークに接続している場合

　1章の解説にもとづきRaspberry Piをネットワークに接続している場合は簡単です。epiphanyブラウザを起動し、サポートページにアクセスしてサンプルファイルをダウンロードしてください。サンプルファイルのリンクをクリックすると、raspi2-sample.zipという圧縮ファイルが自動的にユーザー piのホームの「ダウンロード」または「Downloads」フォルダに保存されます。そして、NOOBSのバージョンによってはそのファイルの展開のためにXarchiverというアプリケーションが自動起動する場合がありますが、ここでは何もせずにウインドウの⊠ボタンでepiphanyとXarchiverを終了して構いません。

　次に27ページ図1-12のアイコンからファイルマネージャを起動し、次ページの図A-1のようにraspi2-sample.zipを「ダウンロード」または「Downloads」フォルダからホームにド

321

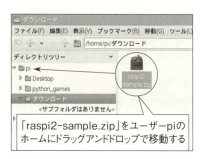

図A-1 サンプルファイルを「ダウンロード」フォルダからユーザーpiのホームに移動

ラッグアンドドロップで移動しましょう。このファイルを展開するため、**A.3**に進んでください。

A.2 Raspberry Piをネットワークに接続していない場合

Raspberry Piをネットワークに接続していない場合は、USBメモリを使ってサンプルファイルをRaspberry Piにコピーすることができます。WindowsなどのPCでraspi2-sample.zipをあらかじめダウンロードし、USBメモリにコピーしておきます。Raspberry PiにUSBメモリをさすと、図A-2 (A) のようにファイルマネージャの起動を促されますので、「ファイルマネージャで開く」が選択されていることを確認した上でOKボタンを押します。その後、図A-2 (B) のようにraspi2-sample.zipをユーザーpiのホームにドラッグアンドドロップでコピーします。ファイルマネージャは、27ページ図1-12のアイコンからも起動できます。

コピーが済んだらUSBメモリをRaspberry Piから抜きます

付録A　サンプルプログラムの活用方法

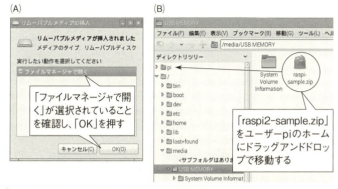

図 A-2　(A) USB メモリをさした時の様子、(B) サンプルファイルを USB メモリからユーザー pi のホームにコピー

が、その前にWindowsでいう「安全な取り外し」に相当する作業を行う必要があります。この作業はお使いのNOOBSのバージョンによって異なります。

NOOBS 1.4.2以降のバージョンをお使いの方は、画面の右上に取り外し用のボタンがありますので、それを押してお使いのUSBメモリを選択して取り外しましょう。

NOOBS 1.4.1またはそれ以前のバージョンをお使いの方は、次ページの図A-3のようにこのUSBメモリがRaspberry Pi上でどのような名称で見えているかまずチェックします。図では「/media/USB MEMORY」となっています。そのとき、ターミナルを起動し、下記のコマンドを入力すれば、USBメモリをRaspberry Piから抜いてよい状態になります。

```
umount /media/USB\ MEMORY
```

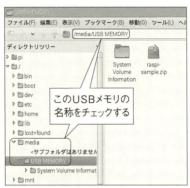

図A-3 USBメモリの名称をチェック

なお、前ページの例のようにUSBメモリの名称の中に半角の空白が含まれる場合、空白の前に「\」を入力してください。「\」はキーボードの［¥］キーをタイプすることで入力することができます。なお、USBメモリの名称は自分で確認した名称に読み替えてコマンドを実行してください。

A.3　圧縮ファイルの展開（1）ホームへの展開

ホームに配布ファイルをコピーできたら、このファイルを展開します。その前に、ファイルをどこに展開するかを決めましょう。ファイルを展開するとたくさんのサンプルファイルが現れますが、これをホームにそのまま展開するのが、本書の演習を実行する上で最も簡単です。そのため、Linux系OSに慣れていないという方はこの方法を推奨します。新たにディレクトリ（フォルダ）を作成しその内部にサンプルファイルを展開したいという方は、**A.4**をご覧ください。

付録A　サンプルプログラムの活用方法

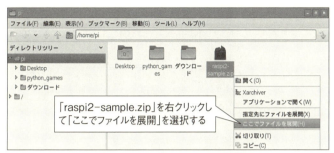

図A-4　サンプルファイルの展開

サンプルファイルをホームに展開するためには、図A-4のようにファイルマネージャ上でファイルを右クリックして「ここでファイルを展開」を選択します。すると、ホームディレクトリ上に各ファイルが展開されます。これで本書の演習を行う準備は完了です。

A.4　圧縮ファイルの展開（2）bluebacksディレクトリへの展開

ここでは、新たにディレクトリ（フォルダ）を作成してその内部にサンプルファイルを展開する方法を紹介します。ただし、この方法を用いると、本文中の演習で必要なステップが1つ増えることがあるので、Linux系OSに慣れていない方は**A.3**のホームへの展開を推奨します。以下、このディレクトリの名前を半角英語のbluebacksとして解説します。本文中でもそのように仮定していますので、この名称を推奨します。

ファイルをbluebacksディレクトリに展開するためには、図A-4の右クリックメニューにおいて「指定先にファイルを展開」を選択してください。すると、次ページの図A-5のような

325

図 A-5　サンプルファイルを bluebacks フォルダに展開

ウインドウが開きますので、展開先を編集して「/home/pi/bluebacks」としてから、「展開」ボタンをクリックします。この作業により、サンプルファイルが bluebacks ディレクトリに展開されます。bluebacks ディレクトリが存在しない場合は自動的に作成されます。

A.5　サンプルファイルの Windows での閲覧

　サンプルファイルは Raspberry Pi で用いるために記述されていますが、使い慣れた PC で閲覧や印刷をしたい、という方も多いでしょう。しかし、サンプルファイルは Linux 系 OS 用の改行コードで記述されていますので、Windows のメモ帳で開いても正しく表示されません。たとえば「サクラエディタ」のような、Linux 系 OS 用の改行コードを正しく解釈できるテキストエディタをインストールして用いると、Windows でも問題なく閲覧できるようになります。

付録B

WebIOPiを用いるための準備

本書では、ブラウザを通して回路を制御する際にWebIOPiというソフトウェアを用います。WebIOPiは5章、6章、8章で用いられます。どの章からでも学び始められるよう、WebIOPiのセットアップ法を付録としてここにまとめます。

B.1 WebIOPiを用いる場合に必要なネットワーク構成

WebIOPiを用いると、Raspberry Piとネットワークを介してつながっているPCやスマートフォンを連携させることができます。そのために必要なネットワーク構成を示したのが図B-1です。連携相手としてPCを用いる場合、Raspberry Piと

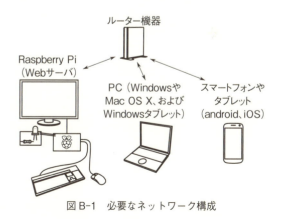

図B-1　必要なネットワーク構成

PCの両方の操作が必要になるため、これらをなるべく近くに設置するとよいでしょう。スマートフォンを連携させたい場合、Raspberry Piと同じルーターにスマートフォンが接続されていなければなりません。この接続はWifiに限られます。そのため、お持ちのルーター機器がWifiに対応していない場合はスマートフォンとの連携は行えませんので、PCとの連携で演習を実施してください。また、スマートフォンがルーターにWifi接続されていない状態、すなわち、docomo、au、softbankなど通信キャリアの3GやLTEのネットワークに接続しただけの状態でもやはりWebIOPiを用いた演習は行えませんので、その点もあわせて注意してください。

　PCやスマートフォンで用いることのできるブラウザは下記の通りです。

● Windows（Windowsタブレット含む）
Internet Explorerバージョン9以上／Chrome／Firefox
Internet Explorerでは、「ツール」→「互換表示設定」から「イントラネットサイトを互換表示で表示する」のチェック解除が必要な場合があります。
Windows XPをお使いの方はInternet Explorerバージョン9以上を使えませんので、ChromeかFirefoxをお使いください。Windows Vista上のInternet Explorerをお使いの方は、バージョン9にアップデートして用いるか、ChromeかFirefoxをお使いください。
● Mac OS X
Safari／Chrome／Firefox
● androidスマートフォン、androidタブレット

Chrome ／ Firefox
- iPhone ／ iPad
Safari ／ Chrome

B.2 WebIOPiのインストール

●ブラウザからのWebIOPiのダウンロード

それでは、WebIOPiをRaspberry Piにインストールしましょう。まず、Raspberry PiのGUI環境でepiphanyブラウザを起動し、アドレスバーに下記のURLを記述してWebIOPiのページに移動しましょう。

http://webiopi.trouch.com/

ページ上部に「Download」と書かれたリンクがありますのでクリックします。すると、WebIOPiのダウンロードリンクが見つかります。本書執筆の時点では「Download WebIOPi-0.7.1.tar.gz (full sources download)」というリンクがあり、WebIOPi-0.7.1.tar.gzが最新版としてダウンロードできる状態でした。この場合、ファイル名に含まれる0.7.1がWebIOPiのバージョンです。その時の最新版をダウンロードすればよいでしょう。

リンクをクリックすると圧縮されたファイルが自動的に「ダウンロード」または「Downloads」フォルダに保存されます。さらに、NOOBSのバージョンによってはそのファイルを展開するためにXarchiverというソフトウェアが自動的に起動しますが、ここでは何もせずepiphanyとXarchiverを閉じて

構いません。

そして、ファイルマネージャを起動し、「ダウンロード」または「Downloads」フォルダにあるWebIOPi-0.7.1.tar.gzを322ページの図A-1の要領でユーザー piのホームに移動しましょう。

●ダウンロードしたWebIOPiのインストール

ダウンロードおよび展開したWebIOPi 0.7.1は、Raspberry Pi 2をサポートしていないバージョンです。そのため、Raspberry Pi 2 対応の修正を施した上でインストールします。Raspberry Pi Model B+をお使いの方も、この方法でインストールを行ってください。

なお、ダウンロードしたWebIOPiのバージョンが0.7.1よりも新しい場合、ここで紹介した方法を試す前に、本書のサポートページ（URLは2ページに掲載）をご覧ください。そちらでそのバージョンのインストール法を解説する予定です。

さて、ターミナルを起動し、下記のコマンドを順に実行します。

(1) `tar zxf WebIOPi-0.7.1.tar.gz`
(2) `cd WebIOPi-0.7.1/`
(3) `wget https://raw.githubusercontent.com/doublebind/raspi/master/webiopi-pi2bplus.patch`[8]
(4) `patch -p1 -i webiopi-pi2bplus.patch`
(5) `sudo ./setup.sh`

(1) はダウンロードしたファイルを展開しており、(2) は展

[8] 紙面スペースの都合、コマンド(3)は複数行になっています。本来1行のもので、途中に改行は入りません。

開されてできた WebIOPi-0.7.1 ディレクトリへの移動を、(3) と (4) は WebIOPi 0.7.1 を Raspberry Pi 2 に対応させるための修正を施しており、(5) が実際のインストールを行っています。このインストール作業中もネットワークへのアクセスが行われるため、完了するまでに数分かかります。インストール終了時に

Do you want to access WebIOPi over Internet ? [y/n]

と質問されますが、このときキーボードで [n] をタイプしてから [Enter] キーを押してください。この質問は、327ページの図B-1においてルーターより外部のインターネットからWebIOPiにアクセスしたいか、という質問なのですが、本書ではローカルなネットワークからのアクセスを考えるので、Noに相当するnを答えます。

さらに、NOOBS 1.4.2以降をお使いの方は、ターミナルで下記のコマンドを実行してください。これを実行しないと、以下でバージョン0.7.1のWebIOPiを起動することができません（WebIOPiの将来のバージョンではこの手続きは不要になる可能性がありますので、やはりサポートページをチェックしてください）。

(1) `cd`
(2) `wget https://raw.githubusercontent.com/neuralassembly/raspi/master/webiopi.service`[9]
(3) `sudo mv webiopi.service /etc/systemd/system/`

---

[9] 紙面スペースの都合、コマンド(2) は複数行になっています。本来1行のもので、途中に改行は入りません。

以上でインストールと設定は終わりです。

B.3 WebIOPiの起動

WebIOPiのインストールが終わりましたが、これを利用するにはWebIOPiを起動し、バックグラウンドで動作させておく必要があります。その方法をここで紹介します。さらに、WebIOPiを終了するための方法なども学びます。

●WebIOPiの起動コマンド

起動コマンドはお使いのNOOBSのバージョンにより異なります。対応するコマンドをターミナルで実行することでWebIOPiを起動できます。これらのコマンドはどのディレクトリで実行しても構いません。

NOOBS1.4.2以降：`sudo systemctl start webiopi`
NOOBS1.4.1まで：`sudo /etc/init.d/webiopi start`

なお、実行してもターミナル上では何も表示されません。しかし、WebIOPiはサーバとしてバックグラウンドで動いています。本当にWebIOPiが動作しているか確認するためには、ターミナル上で以下のpsコマンドを実行します。

```
ps ax | grep webiopi
```

このコマンドは、Raspberry Pi上で動いているプログラム（プロセスといいます）を調べ、そのうち「webiopi」という

付録B　WebIOPiを用いるための準備

文字列を含むものだけを抽出するものです。

もしWebIOPiが正しく動作していれば、下記のような表示が現れるでしょう（先頭の数字などは人によって異なります）。

```
2119 ?          Sl     0:02 /usr/bin/python3 -m webiopi
-l /var/log/webiopi -c /etc/webiopi/config
2138 pts/0      S+     0:00 grep --color=auto webiopi
```

これは実際2行のものが折り返されて表示されたものです。1行目はWebIOPiが動作していることを示すものです。WebIOPiがPython3（Pythonのバージョン3）で実行されていることがわかります。2行目は「webiopiを含む文字列を抽出する」というコマンド自身が表示されたものですので、WebIOPiが動作しているかどうかには関係がありません。

WebIOPiが正しく動作していない場合、上記のうち2行目しか表示されません。原因はWebIOPiの起動コマンドを実行していない、そもそもWebIOPiがインストールされていない、などいくつか考えられます。確認してみてください。

●WebIOPiの停止コマンド

WebIOPiの停止コマンドも知っておきましょう。起動コマンドと同様、お使いのNOOBSのバージョンにより異なります。対応するコマンドをターミナルで実行することでWebIOPiを停止できます。これらのコマンドはどのディレクトリで実行しても構いません。

NOOBS1.4.2以降：`sudo systemctl stop webiopi`

NOOBS1.4.1まで：`sudo /etc/init.d/webiopi stop`

　実行後、数秒後にWebIOPiが停止します。停止コマンドを実行したら、本当に止まったか、確認してみるとよいでしょう。332ページで学んだコマンド「`ps ax | grep webiopi`」を実行し、出力が1行しか表示されなければWebIOPiが停止しています。

　なお、この停止コマンドでWebIOPiが停止しないことがまれにあります。その場合、以下の方法で停止することができます。「`ps ax | grep webiopi`」コマンドを実行した結果、WebIOPiを表すプロセスの先頭に現れた数字をメモします。前ページで見た例では「2119」でした。この数字をプロセスIDといいますが、WebIOPiを起動するごとに変わりますので、人により異なります。このプロセスIDに対してkillコマンドを実行することでもWebIOPiが停止します。

`sudo kill 2119`

　実行後、本当に終了したかpsコマンドで確認してみるとよいでしょう。

●WebIOPiの自動起動

　通常、WebIOPiが起動した状態でRaspberry Piの電源を切るとWebIOPiも終了しますので、次回のRaspberry Pi起動時にはWebIOPiは起動していない状態になります。

　しかし、Raspberry Piを起動したときに自動的にWebIOPiも起動してほしい場合もあります。たとえば、Raspberry Pi

からディスプレイやキーボード、マウスを外して運用する場合です。そのような場合、下記のようにRaspberry Piの起動時にWebIOPiが自動的に起動されるよう設定します。

その方法はNOOBSのバージョンにより異なります。

NOOBS1.4.2以降：`sudo systemctl enable webiopi`
NOOBS1.4.1まで：`sudo update-rc.d webiopi defaults`

もし、自動起動が不要になった場合は、下記の要領でデフォルト状態に戻せます。

NOOBS1.4.2以降：`sudo systemctl disable webiopi`
NOOBS1.4.1まで：`sudo update-rc.d webiopi remove`

B.4 PCやスマートフォンのブラウザからのアクセス

さて、以上でWebIOPiをインストールして起動することができるようになりました。WebIOPiにはデモ用のページがありますので、そちらにアクセスしてみましょう。

●Raspberry PiのIPアドレスを調べよう

デモページにアクセスするためには、まずRapsberry PiのIPアドレスを調べる必要があります。IPアドレスとは、インターネットに接続されたデバイスが必ずもつアドレスのことです。これを知らないと、ブラウザからRaspberry Piにアクセスできません。

Raspberry PiのIPアドレスを知るためには、ターミナル上

で「ifconfig」コマンドを実行します。

```
ifconfig
```

すると、Raspberry Piのネットワークデバイスに関する情報が表示されますが、その中のeth0という項目の中に（無線LANを使っている場合、wlan0という項目の中に）たとえば「inetアドレス:192.168.1.3」のような表示があるはずです。これがIPアドレスを示しています。なお、loという項目の中に「127.0.0.1」というアドレスも表示されていますが、このアドレスではPCやスマートフォンからアクセスできませんので、こちらは用いないでください。

なお、ここで調べたIPアドレスは、ルーターにより自動的に割り当てられたものであるため、Raspberry Piを再起動するたびに変わる可能性があります。その都度自分のIPアドレスをチェックしてメモしましょう。なお、IPアドレスを固定させる方法もありますが、ルーターの設定を変更する必要がありネットワークの高い知識が必要になりますので、本書での解説は割愛します。

●ブラウザでRaspberry Pi上で動作するWebIOPiにアクセスしよう

IPアドレスが調べられたら、WebIOPiのデモページにアクセスしてみましょう。まず、「`ps ax | grep webiopi`」コマンドでWebIOPiが動作しているか確認し、動作していなければ、NOOBS 1.4.2以降では「`sudo systemctl start webiopi`」コマンドで起動し、NOOBS 1.4.1またはそれ以前のバージョンを用いている方は「`sudo /etc/init.d/webiopi start`」コ

マンドで起動してください。

　その後、先ほど調べたIPアドレスを用いてPCやスマートフォンのブラウザでRaspberry Pi上で動作するWebIOPiにアクセスします。327ページの図B-1のようなネットワークを構成し、PCかスマートフォンのブラウザからアクセスしましょう。たとえばRaspberry PiのIPアドレスが「192.168.1.3」であるとき、ブラウザのアドレス入力欄に下記のURLをすべて半角で入力してください。IPアドレスの部分は人により異なりますが、「:」（コロン）で区切られた8000という数字はポート番号と呼ばれるもので、全員共通です。

http://192.168.1.3:8000/

　このとき、先頭の「http://」の部分を省略しないようにしてください。特にWindowsのInternet Explorerではこの「http://」を省略すると、bingやGoogleなどの検索サイトに飛ばされてしまうことがあります。成功すると、次ページの図B-2 (A) のようにユーザー名とパスワードを求める画面になります（画面は用いるブラウザにより異なります）。ここではWebIOPiが独自に持っているユーザー名とパスワードが求められていますので、下記を入力してください。

ユーザー名：webiopi
パスワード：raspberry

　正しく入力すると、図B-2 (B) のような画面が現れます。これは、WebIOPiのWebサーバとしての機能にアクセスした

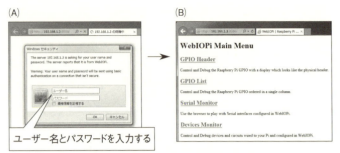

図B-2　WebIOPiの (A) ログイン画面と (B) トップ画面

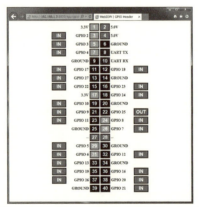

図B-3　デモアプリケーション GPIO Header の画面

ことになります。さらに、このページ内の「GPIO Header」というリンクをクリックすると、図B-3のようなページが現れます。このページでは各GPIOの状態をブラウザ上で確認および変更できるのですが、ここではそこまで踏み込まず、図B-3のページを見たところで確認を終えることにします。

B.5　本書の演習を行うためのWebIOPiの準備

　さて、ここまでがWebIOPiの一般的な解説でしたが、この節では本書の演習を行うための設定を行いましょう。

●サンプルファイルをコンテンツ用のディレクトリにコピー

　本書が用意するサンプルファイル一式をWebIOPiのコンテンツ用のディレクトリに配置する必要があります。そのディレクトリには通常管理者権限でしか書き込めないので、まず一般ユーザー piでも書き込めるようにします。そのために、ターミナルを起動して下記のコマンドを実行します。

```
sudo chown -R pi /usr/share/webiopi/htdocs
```

　/usr/share/webiopi/htdocsが、WebIOPiのコンテンツ用のディレクトリです。
　次に、本書が提供するサンプルファイルを上記のディレクトリにコピーします。引き続きターミナルで下記のコマンドを実行します。

```
cp -r bb2 /usr/share/webiopi/htdocs
```

　このコマンドは、先ほど解説したコンテンツを含むディレクトリに、本書で提供するファイルを含むディレクトリ「bb2」をコピーしています。これにより、各演習で本書のサンプルファイルをブラウザにより閲覧できるようになります。なお、このコマンドは本書のサンプルファイルをホームディレクトリに

直接保存したことを仮定しています。もし**付録A**で解説したように、bluebacksディレクトリ内にサンプルファイルをコピーした場合、上記のcpコマンドの前に「`cd bluebacks`」コマンドを実行し、bluebacksディレクトリに移動してからコマンドを実行してください。

●設定ファイルの変更について

本書では5章、6章、8章でWebIOPiを用いた演習を行いますが、そのたびにWebIOPiの設定を変更してからWebIOPiを起動しなおす必要があります。そこで、ここで設定ファイルの変更方法を記しておきましょう。まず、ターミナルで次のコマンドを実行し、設定ファイル/etc/webiopi/configを管理者権限のleafpadで開きます。このとき、ターミナルにいくつか警告が表示されることがありますが、気にしなくても構いません。

`sudo leafpad /etc/webiopi/config`

主に変更するのは、下記の[SCRIPTS]セクションです。

```
[SCRIPTS]
# Load custom scripts syntax :
# name = sourcefile
#    each sourcefile may have setup, loop and destroy functions and macros
#myscript = /home/pi/webiopi/examples/scripts/macros/script.py
```

「myscript =」の行にはWebIOPiが稼働しているときに動作させておきたいPythonプログラムの位置を記述します。デフォルトでは上記のように先頭に「#」によりコメントアウトされ無効化されています。この行に何を記述すべきかは、各章の演習ごとに指示します。

●パスワードを削除したいときは

WebIOPiのパスワードについて記してこの節を終えましょう。この設定ファイルの中の

passwd-file = /etc/webiopi/passwd

という行を見つけてください。これはパスワードを記したファイルの場所を指定しています。もし、ブラウザにWebIOPiのパスワードを要求されないようにしたい場合、「Passwd-file」の行の先頭に「#」を記述することでこの行を無効化してファイルを保存してください。WebIOPiを再起動すれば、以後WebIOPiにアクセスした際にパスワードを聞かれないようになります。

●パスワードを変更したいときは

パスワードを削除するのではなく変更したい場合、以下の手順に従ってください。まず、上記の「passwd-file」に関する行は変更せずデフォルトの状態のままにしてください。設定ファイル/etc/webiopi/configはこの節ではもう変更しませんので、leafpadを閉じて構いません。

そして、ターミナルで次のコマンドを実行すると、ユーザー

名（ログイン名）とパスワードを共に変更することができます。

```
sudo webiopi-passwd
```

　変更後のログイン名を1回（Enter Login:)、変更後のパスワードを2回（Enter Password: と Confirm password:）聞かれますので入力してください。ここで入力したログイン名とパスワードが、以後338ページの図B-2（A）の画面で入力すべきものとなります。

付録C

idleを用いない開発方法

C.1 プログラムの実行方法

本書ではidleを用いてプログラムを実行します。

idleを用いずにプログラムを実行するには、ターミナルソフトウェアLXTerminalのコマンドプロンプト上でコマンドを実行する必要があります。たとえば、ユーザー piのホームディレクトリにあるファイルbb2-02-01-led.pyを実行する場合を考えましょう。

NOOBS 1.4.2以降のバージョンを用いている方は、以下のコマンドを実行します。

```
python bb2-02-01-led.py
```

これで、idleのエディタで「Run」→「Run Module」を実行したのと同様にプログラムが実行されます。ただし、プログラムによっては管理者権限が必要な場合があり、本文中で指示されています。

NOOBS 1.4.1またはそれ以前のバージョンを用いている方は、以下のように管理者権限をつけてコマンドを実行します。

```
sudo python bb2-02-01-led.py
```

343

終了するにはキーボードでCtrl-cを入力します。

なお、プログラムファイルがホームディレクトリ上のbluebacksディレクトリに含まれている場合、上記の実行コマンドを実行する前に「`cd bluebacks`」を実行してbluebacksディレクトリ内に移動してから実行コマンドを入力します。bluebacksディレクトリ内からホームディレクトリに戻るにはディレクトリを指定せずに「`cd`」コマンドを実行します。

コマンドでファイル名を入力する際、キーボードのタブ（TAB）キーによる補完機能を使うと入力が楽になります。たとえば、前ページのコマンドを実行する際、

```
python bb2-02-01
```

まで入力してからキーボード上の［TAB］キーを押すと、ファイル名の残りの部分が補完され、そのまま［Enter］キーを押すことでプログラムを実行できます（「sudo」が必要な場合は適宜追加してください）。この機能をこまめに使うと、ファイル名の入力が楽になるでしょう。［TAB］キーによる補完機能はファイル名だけではなく、コマンド名にも用いることができます。

なお、7章に登場した画像処理のプログラムはNOOBSのバージョンにかかわらず管理者権限が不要でした。そのため、下記のように「sudo」をつけずに実行します。

```
python bb2-07-01-preview.py
```

また、コマンドによってプログラムを実行していると、「以

前実行したプログラムをもう一度実行したい」ということがしばしばあります。そのような際、ターミナル上でキーボードの［↑］キーを押すかまたは「Ctrl-p」を実行することで、1つ前に実行したコマンドをターミナル上に表示することができます。それが実行したいコマンドならばそのまま［Enter］キーを押すことで実行されます。［↑］や「Ctrl-p」を複数回押すことで、それだけ前に実行されたコマンドを表示することもできます。

C.2 エディタの設定

idle上のエディタでは、タブを入力すると空白4文字に置き換えられます。本書の配布ファイルでもタブ1つを空白4文字として取り扱っています。

idleのエディタ以外のエディタで開発を行う場合、やはりタブを空白に置き換えるよう設定しておかないと、タブと空白が混在するなど、トラブルのもとです。そこで、代表的なエディタでタブを空白4文字に置き換える設定を紹介します。

なお、Raspbianにデフォルトで含まれるテキストエディタleafpadではこの設定はできませんので、Pythonプログラミングには向きません。下記のgeditならば初心者にも扱いやすいのでお勧めです。

●gedit

geditは以下の2つのコマンドでインストールできます。

```
sudo apt-get update
```

```
sudo apt-get install gedit
```

途中で「続行しますか?」や「検証なしにこれらのパッケージをインストールしますか?」と質問されたら[y]をタイプしたあと[Enter]キーを押して続行します。

インストール後は、メニューから「アクセサリ」→「gedit」を選択することで起動します。起動後、メニューから「編集」→「設定」→「エディター」とたどり、「タブの幅」を4に、「タブの代わりにスペースを挿入する」と「自動インデントを有効にする」にチェックを入れます。以上で設定は終了です。

● nano

ホームディレクトリに「.nanorc」というファイルを作成し、下記を記述します。

```
set tabsize "4"
set tabstospaces
```

● vi

ホームディレクトリに「.vimrc」というファイルを作成し、下記を記述します。

```
set expandtab
set tabstop=4
set softtabstop=4
set shiftwidth=4
```

● emacs

デフォルトでタブが空白4つに置き換えられます。

おわりに

　Raspberry Piにおいて「定番」といえる電子工作の実例を体験していただきました。本書で取り上げる題材を選ぶにあたって、なるべく幅広いジャンルから選択することを心がけました。本書の電子工作の中に、皆さんにとって興味を引かれるものはあったでしょうか？

　筆者はMaker Faireのような展示会やSNSなどでさまざまな方の電子工作の作品を見せていただくのですが、皆さんそれぞれ独自のテーマをお持ちの方が多いように思います。何かをLEDで光らせることに情熱を傾ける方、インターネットと連携するサービスに興味のある方、ものを動かすのが好きな方などなど。最近は画像処理も人気ですね。皆さんも自分が特に興味を持った内容をより深く掘り下げると、ますます電子工作が楽しくなるでしょう。

　電子工作を習得する際には、経験がものを言うと筆者は考えます。たとえば、インターネット上のサイトである電子工作の作例を見かけたとします。はじめはその内容を全く理解できなくとも、電子工作の経験を積んでからもう一度そのサイトに行くと、いつのまにか理解できるようになっている、ということはよくあることです。本書の「定番」の作例の改造からで構いませんので、皆さんも是非経験を積んで電子工作の世界を広げてください。

　なお、本書の執筆にあたって、インターネット上のさまざまなサイトを参考にしました。サポートページ（2ページで紹介）でダウンロードできるPDFファイルに、それらのサイトへのリンクを掲載しますのでご活用ください。

さくいん

【記号、数字】

$_IP	312
&	52
[]	71
8ビットシフトレジスタ	60、62

【A、C】

ACT	25、33
ADT7410	91
ADコンバータ	186
Arduino	40
Arduino用のサーボドライバー	📄3
ASCII（アスキー）コード	115
Cannyフィルタ	249
chromiumブラウザ	📄12
CSS	153、173、231
Ctrl-c	54

【E、F、G、H】

epiphany	27、98、321、329
forループ	73、107、285
gimp	📄13
GND	46
GPIOポート	43
HDMI	19
HTMLファイル	173、231

【I、J、K】

I²C	93、274、278
idleを起動する	52
idleを用いずにプログラムを実行する	343
if文	73
inkscape	📄13
IPアドレス	171、224、304、308、335
JavaScript	173、175、231
jQuery UI	231
JSON	100
killコマンド	225、334

【L】

LCD	91、274
LCDに文字列を表示	114
leafpad	30
LED	38
LED点滅	50
LEDに流れる電流の計算方法	49
LEDの点灯	46
LibreOffice	📄12
LIRC	141
LXTerminal	27、30
Lチカ	38

【M、N】

MCP3208	186
microSDカード	16
microSDカードを削除する	35
mjpg-streamer	222
NOOBS	21
NOOBS1.4.1	📄20
NOOBSのバージョン	27、34
NOOBSの古いバージョン	22

【O、P】

OE	68
OpenCV	237
OSのインストール	24
PCA9685	271、📄1、📄15
Pi-HAT形式	📄1
psコマンド	332
PWM	188、271、283
PWR	24
Python	52
Python Shell	53

【R、S、T、U】

Raspberry Pi	12、15
Raspberry Pi用のケース	20

さくいん

Raspbian	13
Requests	101
SN74HC595N	60、62
sudo	52
try:	56
USBメモリ	322

【W、X】

WebIOPi	168、225、301、327、📄16
WebIOPiのインストール	329
WebIOPiの起動	332
WebIOPiの自動起動	307、334
Webサーバ	169
whileループ	57、83、285
Wifi	36、168、225、328
wiringPi	192
WiringPi2-Python	192
Xarchiver	321、329
Xの起動	📄28

【あ】

圧縮ファイルの展開	23、324、330
アノード	40
映像配信	222、318
エッジ検出	249
エミッタ(E)	136
円の検出	251、261、📄19
円の誤検出	255
お絵描きソフトinkscape	📄13
大津の方法	248
オフィススイートLibreOffice	📄12

【か】

カーネルのバージョン	34
開発環境	52
ガウシアンぼかし	253
顔検出	256、268、📄19
カスケード分類器	257
画像閲覧のデフォルト	📄14
画像処理	237

画像編集ソフトgimp	📄13
カソード	40
カメラ台	181、317、📄15
カメラの映像をディスプレイに表示する	210
カメラマウント	181、204
カメラモジュール	184、206、317
関数	58
管理者権限	52、81、210
キーボードレイアウトの変更	30、📄25
グレースケール化	245
言語の変更	33、📄23
誤検出	255
コマンド環境	35
コマンドプロンプト	30
コマンドライン引数	312
コマンドを何度も実行する	162
コレクタ(C)	136

【さ】

サーバへのアクセス頻度	130
サーボドライバー	271、291、📄1、📄15
サーボホーン	186、194、203、276
サーボモーター	181、185、188、194、269
再起動	31、📄26
サンプルファイル	321
字下げ	56
シフトレジスタ	60、62
ジャンパ	274
ジャンパーワイヤ	42
周波数	189
ストレージレジスタ	64
スレーブ	94
赤外線LED	134、157
赤外線リモコン受信モジュール	134、145
設定用アプリケーション	28、95、206

ソフトウェアPWM信号	190、292

【た】

ターミナル	27、30
対象物追跡	260
タイムゾーンの変更	29、📄24
タクトスイッチ	61、163、308
タブによる補完	239、344
抵抗	39
抵抗のカラーコード	40、133、📄8
ディレクトリ	324
テキストエディタ	30
デスクトップ環境	27、35、📄29
デューティ比	190、218、283、290
天気予報データの取得	98
電源ピン	44
電源を切る方法	33、📄29
電子サイコロ	76
トランジスタ	136、157

【な】

二値化	243、248
日本語入力	📄10
日本語フォント	32、📄11
ネットワーク	36、327

【は】

パスワード	28、337、341、📄21
発光ダイオード	40
ハフ変換	251
パルス	189
半固定抵抗	186、207
はんだ吸い取り線	275
はんだ付けのコツ	92
ハンチング	295

引数	175、218
ピン	43
ファイルマネージャ	27
ブラウザ	27、98、📄12
プルアップ抵抗	94
プルダウン抵抗	84
ブレッドボード	42
プログラム実行時のエラーや警告	53
プログラムの構造	58
プログラムの実行	52、343
プロセスID	156、334
ブロック	56
ベース（B）	136
ポート番号	337
ホームディレクトリ	325

【ま】

マイクロUSB端子	18
マスター	94
無線LAN USBアダプタ	37
文字コード	114

【や】

ユーザー名	28、337、341、📄21
ユニバーサルアーム	200、276
ユニバーサルプレート	200、276

【ら】

ランド	92
リスト	71
リモコン	133、136
レギュレータ	44
ログイン	35、📄27
ロボット	269

N.D.C.549　350p　18cm

ブルーバックス　B-1950

実例で学ぶRaspberry Pi 電子工作
作りながら応用力を身につける

2015年12月20日　第1刷発行
2019年 1月23日　第2刷発行

著者	金丸隆志
発行者	渡瀬昌彦
発行所	株式会社講談社
	〒112-8001 東京都文京区音羽2-12-21
電話	出版　03-5395-3524
	販売　03-5395-4415
	業務　03-5395-3615
印刷所	(本文印刷)豊国印刷株式会社
	(カバー表紙印刷)信毎書籍印刷株式会社
本文データ制作	ブルーバックス編集チーム
製本所	株式会社国宝社

定価はカバーに表示してあります。
©金丸隆志　2015, Printed in Japan
落丁本・乱丁本は購入書店名を明記のうえ、小社業務宛にお送りください。
送料小社負担にてお取替えします。なお、この本についてのお問い合わせは、ブルーバックス宛にお願いいたします。
本書のコピー、スキャン、デジタル化等の無断複製は著作権法上での例外を除き、禁じられています。本書を代行業者等の第三者に依頼してスキャンやデジタル化することはたとえ個人や家庭内の利用でも著作権法違反です。
R〈日本複製権センター委託出版物〉複写を希望される場合は、日本複製権センター（電話03-3401-2382）にご連絡ください。

ISBN978-4-06-257950-6

発刊のことば

科学をあなたのポケットに

二十世紀最大の特色は、それが科学時代であるということです。科学は日に日に進歩を続け、止まるところを知りません。ひと昔前の夢物語もどんどん現実化しており、今やわれわれの生活のすべてが、科学によってゆり動かされているといっても過言ではないでしょう。

そのような背景を考えれば、学者や学生はもちろん、産業人も、セールスマンも、ジャーナリストも、家庭の主婦も、みんなが科学を知らなければ、時代の流れに逆らうことになるでしょう。ブルーバックス発刊の意義と必然性はそこにあります。このシリーズは、読む人に科学的に物を考える習慣と、科学的に物を見る目を養っていただくことを最大の目標にしています。そのためには、単に原理や法則の解説に終始するのではなくて、政治や経済など、社会科学や人文科学にも関連させて、広い視野から問題を追究していきます。科学はむずかしいという先入観を改める表現と構成、それも類書にないブルーバックスの特色であると信じます。

一九六三年九月

野間省一